Cahiers de Logique et d'Épistémologie
Volume 4

Lecture de Quine

Volume 1
Prolog, tout de suite!
Patrick Blackburn, Johan Bos et Kristina Striegnitz

Volume 2
Gottlob Frege. Une Introduction
Markus Stepanians
Traduit de l'allemand par Alexandre Thiercelin

Volume 3
Hugh MacColl et la Naissance du Puralisme Logique: suivi d'extraits majeurs de son oeuvre
Shahid Rahman et Juan Redmond
Traduit par Sébastien Magnier

Volume 4
Lecture de Quine
François Rivenc

Cahiers de Logique et d'Épistémologie Series Editors
Dov Gabbay   dov.gabbay@kcl.ac.uk
Shahid Rahman   shahid.rahman@univ-lille3.fr

Assistance Technique
Juan Redmond   juanredmond@yahoo.fr

Comité Scientifique: Daniel Andler (Paris – ENS); Diderik Baetens (Gent); Jean Paul van Bendegem (Vrije Universiteit Brussel); Johan van Benthem (Amsterdam/Stanford); Walter Carnielli (Campinas-Brésil); Pierre Cassou-Nogues (Lille 3 – UMR 8163-CNRS); Jacque Dubucs (Paris 1); Jean Gayon (Paris 1); François De Gandt (Lille 3 – UMR 8163-CNRS); Paul Gochet (Liège); Gerhard Heinzmann (Nancy 2); Andreas Herzig (Université de Toulouse – IRIT: UMR 5505-NRS); Bernard Joly (Lille 3 – UMR 8163-CNRS); Claudio Majolino (Lille 3 – UMR 8163-CNRS); David Makinson (London School of Economics); Gabriel Sandu (Paris 1); Hassan Tahiri (Lille 3 – UMR 8163-CNRS).

Lecture de Quine

François Rivenc

© Individual author and College Publications 2008. All rights reserved.

ISBN 978-1-904987-87-1

College Publications
Scientific Director: Dov Gabbay
Managing Director: Jane Spurr
Department of Computer Science
King's College London, Strand, London WC2R 2LS, UK

http://www.collegepublications.co.uk

Original cover design by orchid creative   www.orchidcreative.co.uk
Printed by Lightning Source, Milton Keynes, UK

All rights reserved. No part of this publication may be reproduced, stored in a retrieval system or transmitted in any form, or by any means, electronic, mechanical, photocopying, recording or otherwise without prior permission, in writing, from the publisher.

Table des matières

Préface VII

Chapitre I : Le programme, à grands traits 1
    Exposition 1
    Discussion : Vérité 7

Chapitre II : Le linguiste et l'enfant 13
    Exposition 13
    Discussion : Traduction 19

Chapitre III : grammaire de la référence 24
    Exposition 24
    Discussion : Relativité 32

Chapitre IV : Désordres 37
    Exposition 37
    Discussion : Opacité 41

Chapitre V : Réformes 51
    Exposition : 51
    Discussion: Variables 58

Chapitre VI : Austérité 71
    Exposition 71
    Discussion : Logique 00

Chapitre VII : La loi et l'ordre 88
    Exposition 88
    Discussion : Théorie des ensembles 91

Conclusion 96

BIBLIOGRAPHIE 100

Abréviations des titres d'ouvrages de Quine

FLPV	*From a Logical Point of View*
W&O	*Word and Object*
STL	*Set Theory and its Logic*
WP	*The Ways of Paradox and Other Essays*
OR	*Ontological Relativity and Other Essays*
PL	*Philosophy of Logic*
RR	*The Roots of Reference*
TT	*Theories and Things*
PT	*Pursuit of Truth*
FSS	*From Stimulus to Science*

Préface

C'est dans *Word and Object* que Quine a exposé de la manière à la fois la plus globale et la plus détaillée sa philosophie. Ses textes postérieurs pourront en polir les formulations, en approfondir voire infléchir certains aspects; pour l'essentiel, les thèses cardinales du *système*, - le mot n'est pas trop fort -, y sont fixées ; et c'est largement à partir de ce livre que l'image de Quine se fixera dans la mémoire collective. D'une circularité assumée, intégralement holiste, en matière de preuve aussi bien qu'en matière de signification, unitaire car préférant toujours les différences de degré aux différences de nature, conciliant des tendances opposées en les « *déflatant* »[1], cette philosophie a quelque chose de *sphérique*. Elle part des stimulations qui agitent un organisme humain, telles que décrites par la physique et la physiologie, pour raconter spéculativement comment ces mêmes sciences ont pu s'édifier sur la base d'un langage projetant ses schèmes référentiels sur ces mêmes excitations. Puis elle extrait du langage la grammaire logique, qui idéalement doit s'appliquer aux sciences pour en épurer l'ontologie, les clarifier, et les nouer par une notion claire de conséquence à l'observable. Tantôt d'un robuste réalisme scientifique, tantôt *flirtant* avec un relativisme radical, sceptique sur la signification et le mental, mais classique et conservatrice en logique, quoique plutôt conventionnaliste ou pragmatiste en matière de théorie des ensembles[2], elle joue entre le point de vue interne, - interne à notre conception scientifique du monde -, et un point de vue « externe » dont elle récuse en même temps la possibilité : autant dire que c'est *de l'intérieur*, si une telle chose est possible, qu'elle regarde le *dehors* de la connaissance. Le thème de l'indétermination de la référence « *at home* » frise le solipsisme, mais le langage est d'emblée réputé être un art social ... Tensions, conflits ?

---

[1] C'est-à-dire en les « dégonflant » ; les déflationnistes en matière de théorie de la vérité affectionnent ce néologisme. Un exemple de conciliation par déflation : « Cohérence et correspondance, proprement comprises, ne sont pas des théories de la vérité rivales, mais des aspects complémentaires. » (*Quiddities*, p. 214)
[2] Voir la Préface à la 1ère édition de *Set Theory and its Logic*, 1963.

Et pourtant, elle fait bloc. Quiconque est entré dans son cercle a vécu cette impression de cohésion, où les positions établies sur un front font argument sur un autre, où une tierce conception vient apaiser la tension qui surgissait entre deux autres : combien de fois le naturalisme n'est-il pas invoqué pour réconcilier réalisme et indétermination, le pragmatisme ne vient-il pas affaiblir l'opposition traditionnelle entre le synthétique et l'analytique, le double standard de la vie et de la science apaiser le conflit entre psychologie intentionnelle et strict behaviourisme ! Réconcilier en dégonflant des positions qui semblaient inconciliables parce qu'idéalisées, substituer le relatif à l'absolu : bien que Hume soit son ancêtre véritable, il y a quelque chose de *leibnizien en creux* chez Quine.

Elle fait bloc en un second sens, plus essentiel, qui concerne ce qu'on peut appeler non sans quelque ironie ses articles de dogme. Le cœur de cette philosophie est constitué d'un certain nombre de « thèses d'impossibilité »: impossibilité de parler de façon sérieuse de la signification, impossibilité de *savoir* comment les autres croient et pensent, impossibilité d'une ontologie autre que relative, impossibilité (de fait ou de sagesse, sinon de droit) de changer de logique, etc.[3] Il faut bien dire que la créativité philosophique du dernier demi-siècle, qu'il s'agisse de logique modale, de logiques non classiques, de sémantique, de psychologie cognitive, etc., a allègrement tenté d'aller de l'avant au mépris de ces interdits : Quine est-il « dépassé » ? A tout le moins, il est raisonnable d'essayer de faire le tri, entre ce qui est grand, profond et durable et ce qui, moins solide, mérite d'être discuté.[4]

Admiration n'est pas adhésion, commentaire n'est pas répétition empathique. J'ai tenté le pari qu'en résistant au charme intellectuel de la prose de Quine, on pouvait déceler des tensions graves dans sa pensée et justifier une certaine méfiance devant la paisible harmonie avec laquelle sa philosophie semble accorder des points de vue difficilement conciliables. Quine (comme Carnap, mais à sa façon) a voulu être un grand pacificateur du *kampfplatz* philosophique. Je ne suis pas sûr qu'une telle paix soit possible, - pas même à titre de paix intérieure.

Ce genre d'attitude fait courir un danger, bien sûr : celui de défigurer l'adversaire pour mieux le combattre. Pour parer un tel risque, - et aussi pour servir l'autre but de ce travail : écrire un livre *compagnon*, qui aide à lire

---

[3] Après le positivisme logique, le « négativisme logique »: une caractérisation de Quine par Hao Wang.
[4] De manière plus anecdotique: 2008 est le centième anniversaire de la naissance de Quine.

Word & Object -, j'ai organisé mon livre de la manière suivante. Chaque chapitre de l'ouvrage est divisé en deux moments : une libre *exposition*, à bonne distance, du contenu du chapitre correspondant de *W&O*, une *discussion* critique d'une question choisie parmi les thèmes pertinents pour ce chapitre. Mais je ne me suis astreint, ni à suivre les sections une à une, ni à discuter de manière exhaustive (si cela a un sens) les positions de Quine. Qui trop embrasse …

Si je n'avais commencé à rédiger ce livre avant d'avoir pris connaissance du *Quine* de Peter Hylton (2007), je dirais volontiers que j'ai tenté d'écrire un *anti-Hylton*. Le travail de Hylton est presque en tous points remarquable de fidélité et de perspicacité : mais il est justement le genre de commentaire « sympathique » à l'égard de son objet que je ne voulais pas faire.[5] Cette sympathie peut aller loin. Peu convaincu par les arguments en faveur de la thèse d'indétermination de la traduction, et abandonnant l'effort pour défendre Quine sur ce point, Hylton finit par soutenir qu'après tout « la thèse n'est pas d'une grande signification pour lui [Quine] ».[6] Je suis moi-même peu convaincu par les arguments de Quine. Mais je pense au contraire que la thèse est d'une grande importance pour l'équilibre de sa philosophie, ou si l'on préfère le *déséquilibre* qu'elle introduit dans le programme d'une *genèse naturaliste* de la référence.

F. Rivenc

---

[5] Voir les premières lignes de l'Introduction (Peter Hylton, *Quine*). Je n'approuve pas la posture des commentateurs qui soutiennent que discuter leur philosophe préféré est immanquablement le signe qu'on ne l'a pas compris.
[6] *Quine*, (Peter Hylton) p. 196, et tout le chapitre 8.

Chapitre I : Le programme, à grands traits

Exposition

« *Language and Truth* » : il est difficile de ne pas penser, en lisant le titre du premier chapitre de *W&O*, à *Meaning and Truth*, l'ouvrage publié par Russell juste vingt ans avant. Russell commençait par y opposer deux manières de concevoir la théorie de la connaissance. L'une, acceptant notre façon courante de parler des choses extérieures et parmi elles des organismes, s'intéresse aux corrélations observables entre stimulations et comportements que manifeste le vivant, en particulier telles qu'elles sont renforcées par l'apprentissage. C'est l'affaire du psychologue behaviouriste, éventuellement du spécialiste de physiologie animale, d'étudier cette forme de connaissance.

L'autre naît de la réflexion sur la physique (« cette forme canonique de l'écriture scientifique », *dixit* Russell) et sur la physiologie, justement. Les deux disciplines nous apprennent que nous n'avons directement accès qu'aux *effets* des corps environnants sur l'appareil nerveux, et au traitement de ces effets dans le cerveau. Et donc, poursuivait Russell, « le behaviouriste, quand il croit enregistrer des observations sur le monde extérieur, est en réalité en train d'enregistrer des observations sur ce qui se produit en lui. »

Le serpent du doute s'est-il ainsi introduit dans le paradis de la science, comme le pensait Russell ? *Non*, affirme Quine, et ce *non* est vraiment le point de départ de sa philosophie. Il n'y a aucune raison de douter de l'existence des choses extérieures, qu'il s'agisse des objets familiers ou des structures cachées dont parle la physique, parce que la position des choses qui nous entourent est immanente au langage ordinaire, et que les objets que postule la physique n'en sont que le prolongement.[1] Il n'y a pas plus de raison de douter

---

[1] « Notre langage ordinaire de choses physiques est aussi fondamental qu'un langage peut l'être », § 1 (Les références ayant la forme §*n*, sans autre précision, sont toujours à des sections de *W&O*).

de l'existence, parmi ces choses et phénomènes physiques, du phénomène également physique des stimulations sensorielles de l'appareil nerveux. Les philosophes qui, dans leur souci de fondement et par peur de circularité, ont cherché un soubassement à la science qui ne la présuppose pas, - les *sense data* d'une expérience privée -, se sont égarés : et dans leur recherche d'un fondement, et dans leur frilosité face à une circularité inévitable.[2] Nous n'avons pas d'autre moyen de comprendre comment la science fut possible que d'utiliser les savoirs que la science met à notre disposition.

Tout cela est aujourd'hui bien connu, sous la rubrique de l'épistémologie naturalisée. Il est même probable que le phénoménisme, dans ses diverses variantes, ne se relève jamais de la charge que Quine aura menée contre lui. Mais le terrain ainsi nettoyé, il reste encore *deux* points de départs qu'il faut accorder : notre façon de parler de choses et d'objets, les stimulations que nous en recevons et qui font que nous en parlons. On ne peut se contenter de récuser la question d'une priorité épistémologique de l'un de ces deux pôles sur l'autre.[3] La question très générale « comment la science est-elle possible ? » va donc prendre la forme, minimale mais urgente : « comment sur la base de stimulations un *langage d'objets* peut-il se développer ? ». Pour le dire autrement : comment la *référence* est-elle possible ?

« Il reste de nombreuses raisons d'enquêter plus précisément au sujet de la signification empirique ou des conditions de stimulations de notre parler en termes de choses physiques, car de cette façon nous nous instruisons sur l'ampleur de l'imagination créatrice dans la science. »[4]

Ce n'est pas pour rien que Quine affirme que l'épistémologie tend à se confondre avec la sémantique (idée en soi d'inspiration Viennoise, mais à laquelle il a donné un tour nouveau): non seulement au motif général que

---

[2] Ce thème de l'erreur (compréhensible) de la vieille épistémologie est développé au § 1 de RR), et, évidemment, dans « *Epistemology Naturalized* », *in* OR.
[3] Comme lorsque Quine récuse l'opposition que voit Davidson entre une approche proximale (à partir des stimulations) et une approche distale (à partir des objets). Une telle opposition serait aisément résolue par la distinction entre l'observateur et l'observé : l'observé est touché par des stimulations de surface, l'observateur perçoit les objets physiques. Double mais égal point de départ.
[4] § 1. Voir aussi *FSS*: « Je voudrais traiter la question : comment nous autres, citoyens physiques d'un monde physique, avons-nous pu projeter notre théorie scientifique de ce monde à partir de nos maigres contacts avec lui. » (Chap. II).

l'expérience sensible est la source à la fois de la preuve et de la signification, mais aussi et surtout parce que la référence est en un sens fort, dérivée, voire dérivative (sinon indifférente).⁵ On ne peut prendre pour acquis que les animaux humains puissent parler du monde et de ce qu'il contient : l'*aboutness* est à expliquer.

Le programme d'une genèse de la référence étant posé, rien ne dit qu'il soit réalisable sous les contraintes fortes qu'endosse Quine, surtout quand on pense à ce qu'il doit couvrir : non seulement le surgissement de « Maman », « eau », « rouge », dans la bouche de l'enfant, mais jusqu'aux objets abstraits, attributs et classes.⁶ Les contraintes auxquelles il est fait ici allusion ne sont pas simplement celles, plutôt vagues et ouvertes, du *naturalisme*, avec lesquelles on ne peut qu'être d'accord (à mon sens). Car, pour des raisons finalement plutôt obscures, une contrainte très générale d'observabilité des phénomènes dignes d'intérêt scientifique prend la forme, dans le registre linguistique, d'une contrainte fortement behaviouriste.⁷ Il y a donc non plus deux, mais *trois* partenaires : les objets physiques loin de nous, les stimulations en nous, le conditionnement au langage entre nous.

Pour formuler d'emblée la thèse que je soutiens: ces trois personnages ont du mal à s'entendre. En particulier, le behaviourisme va être mobilisé pour montrer qu'entre les stimulations qui donnent sens en dernière instance au langage, et la référence aux choses qu'il charrie, il y a un abîme quasiment infranchissable. Cet abîme a plusieurs noms: indétermination de la traduction, inscrutabilité ou indétermination de la référence. Le tracé des premiers chapitres de *Word & Object* s'éclaire, si on les comprend comme un effort paradoxal pour surmonter, ou du moins contourner, une thèse d'indétermination qui par ailleurs est soutenue avec force : genèse de la ré-

---

⁵ « La référence et l'ontologie en viennent ainsi au statut de simples auxiliaires », in *PT*, § 12.
⁶ Classes, et du même mouvement, théorie des ensembles. Car au moins en philosophie des mathématiques, le structuralisme de Quine fait qu'il est impossible de parler des objets concernés indépendamment des lois qui les gouvernent. La question de savoir si ce structuralisme peut être généralisé est celle de l'indétermination générale de la référence (les « proxy » fonctions, ou fonctions d'ersatz), voir Chap. III.
⁷ « Toute théorie réaliste de l'évidence doit être inséparable de la psychologie stimulus/réponse, appliquée aux énoncés. », § 5. L'étude du conditionnement va donc être la préface obligée à l'ontogenèse de la référence. Je dis « pour des raisons plutôt obscures », parce qu'on voit mal pourquoi les évènements dans l'appareil nerveux ne seraient pas, en principe, observables (moyennant sans doute un appareillage sophistiqué, mais n'est-ce pas aussi le cas en physique fondamentale ?).

férence *quand même*. Car comprendre *d'où procède* l'appareil référentiel sur un tel fond d'indétermination n'est pas chose aisée!

Naturellement, nous ne parlons pas des stimulations que nous subissons ! Nous allons directement, pour ainsi dire, aux choses mêmes. Comment est-ce possible ? Peut-on expliquer ce passage, de ce qui déclenche nos paroles (en admettant provisoirement que le langage est justiciable du schéma « stimulus/réponse »), à ce à quoi nous faisons ordinairement référence ? Une première manière, classique, de formuler la question serait : comment passer de la subjectivité de la stimulation à l'objectivité de la référence, à condition de dépouiller le terme « subjectivité » de toute connotation du genre « expérience vécue par un sujet » ; parler de subjectivité de la stimulation, c'est insister simplement sur le fait que chaque organisme a les siennes, qui ne sont au mieux que partiellement semblables à celles d'un autre organisme plongé dans le même environnement.

C'est exactement en ces termes que Quine pose le problème section 2. Et sa réponse est en bref : le langage, ou plus précisément les conditions d'apprentissage du langage. Le professeur de langage a peut-être sur sa rétine l'image d'un certain parallélépipède, l'enfant reçoit une autre image sous une autre perspective, mais ils s'accordent sur « objet carré ». On a l'impression, à lire ces lignes, que la magie du langage, c'est-à-dire la contrainte de la communication, suffit à projeter au-delà des stimulations l'objet intersubjectif.[8] Naturellement, cette réponse ne peut être la réponse définitive. D'une part, parce qu'on ne voit pas bien comment le mot « objet carré » pourrait être compris dans son usage objectif, - et pas seulement comme applicable à des aspects perçus -, s'il n'y avait déjà ce qu'on peut appeler le *schème de l'objet* extérieur invariant ; et d'autre part, parce que ces considérations expliquent au mieux *l'apprentissage* de la référence, non l'existence antécédente d'un langage référentiel. Expliquer comment un appareil référentiel est transmis et acquis par l'enfant est une chose, expliquer sa véritable genèse, ou ses conditions biologiques de possibilité, en est une autre.

---

[8] Voir «*The Scope and Language of Science*»: «Le sens de l'extériorité a ses racines, si nos spéculations sont correctes, dans l'intersubjectivité si essentielle à l'apprentissage du langage (…) Le langage en général est extraverti, mais la science l'est encore plus. » (*WP* p. 234); voir aussi « *Three Indeterminacies* » : « Ce qui flotte à l'air libre est notre langage commun (…). Le langage est là où commence l'intersubjectivité. » (*in Perspectives on Quine*).

En linguistique, on ne peut être que behaviouriste, a écrit Quine.[9] Dans ce Chapitre I, le behaviourisme n'a encore fait qu'une timide apparition, dans la description des premiers pas de l'apprentissage : renforcement par récompense et punition de la disposition à émettre les mots-phrases appropriés à telle et telle situation. Encore est-il que Quine a probablement ressenti quelque insatisfaction devant une réponse qui attribue au seul langage le pouvoir de faire accéder à l'objet. Dans *The Roots of Reference*, le point de vue a manifestement changé. Les stimulations y sont présentées comme beaucoup moins « subjectives », au sens d'une irréductible différence d'organisme à organisme : Quine est prêt à admettre une « uniformité sociale dans les standards de ressemblance », peut-être issue d'une évolution qui a favorisé la sélection des formes les plus favorables à la survie.[10] On peut donc imaginer une base perceptive innée à la manière relativement uniforme dont les différents organismes humains se représentent par exemple les échelles de ressemblances entre qualités sensibles. En outre, il y a une sorte de souche primitive et perceptive de la référence, dans la saillance des corps et tout spécialement du corps de Maman.[11] Il y a ici un approfondissement du naturalisme, et une plus grande cohérence dans la manière dont la question génétique est posée. Quine ne se contente pas de faire intervenir le *deus ex machina* de l'apprentissage du langage pour comprendre comment la référence est acquise, mais cherche dans la *perception*, - c'est-à-dire dans une réceptivité orientée par les intérêts de l'organisme -, les premières traces de ce qui deviendra ultérieurement référence grammaticalement explicite.[12] Que le programme aboutisse est une autre question : du moins est-il raisonnable *d'un point de vue naturaliste*.

Pourquoi ce naturalisme a-t-il pris la forme du behaviourisme en linguistique, c'est une question sur laquelle on reviendra au chapitre suivant. En attendant, on voit à partir de la section 3 le langage proliférer en quelque sorte de lui-même, bien au-delà de la simple réponse à des stimulations actuelles et de l'enregistrement de situations globalement perçues, et prendre la forme de mots et non plus simplement d'holophrases. Sa créativité conceptuelle finit par conduire à la construction de théories. Ces dernières

---

[9] « *Indeterminacy of Translation again* », The *Journal of Philosophy*, 84, 1987.
[10] *RR*, § 6 en particulier.
[11] *Ibid.*, § 23 : « Les corps sont la première réalité, les objets par excellence. L'ontologie, quand elle arrive, est une généralisation de la somatologie. ».
[12] Je simplifie les §§ 5-8 de *RR*; mais il reste que Quine y dégage un niveau de « ressemblance perceptuelle », distinct de la simple réception, marqué par les intérêts biologiques de l'organisme dans son milieu.

sont « moins que déterminées par nos irritations de surface » : quelle garantie avons-nous, du coup, qu'elles sont *vraies*, - celles du moins qui sont les nôtres aujourd'hui ? C'est la question que fait surgir leur manifeste liberté de création. Mais que veut dire la question de leur vérité ?

Discussion : Vérité

« Dire que l'affirmation 'Brutus a tué César' est vraie ou que 'le poids atomique du sodium est 23' est vraie, c'est dire simplement que Brutus a tué César ou que le poids atomique du sodium est 23 », écrit Quine section 6. A-t-on là un exemple de « théorie de la vérité redondance », selon laquelle affirmer la vérité d'une phrase ne contient rien de plus que l'affirmation de cette phrase elle-même ? Non : son analyse du concept de vérité est beaucoup plus profonde et sophistiquée.

Qu'est-ce que la vérité ? Cette question peut s'entendre de deux façons. En extension : quelles sont les propositions (ou les phrases : bientôt il ne sera question que de celles-ci) vraies ? La réponse est claire : celles qu'accepte, provisoirement s'entend, notre théorie générale du monde dont la science est l'épanouissement, en les intégrant au prix parfois de quelques remaniements. Mais ce n'est pas ce qui nous intéresse ici. La question qui nous occupe serait plutôt : quelle est *l'intension* du terme « vrai » ? Quelle est la propriété que nous attribuons aux objets dont nous disons qu'ils sont vrais ? Comme, on s'en doute, Quine refuserait de s'exprimer ainsi, disons plus sobrement : quelle est la *définition* du prédicat de vérité ? Peut-on donner une condition nécessaire et suffisante d'appartenance à l'ensemble des énoncés vrais, condition qui évidemment (sous peine de cercle vicieux) ne mentionne ou ne présuppose pas la notion de vérité ?

Le *déflationnisme* contemporain, fort à la mode aujourd'hui, tient que le prédicat de vérité n'exprime aucune propriété « substantielle » des objets auxquels il s'applique, propositions abstraites ou énoncés, et qu'il n'a qu'une fonction « logique ». Hormis les cas où il peut purement et simplement disparaître, comme dans les exemples donnés plus haut, il n'est utile que lorsque nous généralisons, pour dire par exemple :

Tout ce que dit le Parti est vrai,

alors que par paresse ou par ignorance nous ne pouvons citer tout ce qui est dit. Moyennant une certaine idéalisation, on peut ajouter qu'il est même indispensable en principe quand il s'agit d'affirmer une infinité d'énoncés :

Toutes les conséquences d'une théorie vraie sont vraies.

D'où l'idée de sa fonction purement *logique* de substitut de conjonctions infinies, d'instrument de généralité.[13] Le déflationnisme se réclame volontiers de Quine, invoquant entre autres la formule célèbre : « la vérité est décitation ».[14] Question : Quine est-il réellement déflationniste ?[15]

Une équivalence « transparente » comme celle mis en avant par Tarski (l'une des équivalences T que toute définition adéquate de la vérité doit permettre de dériver comme théorème) :

« La neige est blanche » est vrai si et seulement si la neige est blanche,

montre que l'effet du prédicat linguistique (i.e. applicable à des énoncés) de vérité est d'annuler la citation explicite de l'énoncé à gauche, d'annuler donc ce que Quine appelle la « montée sémantique », puisqu'il revient au même d'affirmer la vérité de l'énoncé ou de l'utiliser pour parler normalement des choses du monde.[16] On serait tenté d'en conclure que « vrai » est superflu. Non, car cet effet devient sa *fonction* dans les contextes de généralité, où il devient indispensable.

Mais pourquoi est-il indispensable ? De la manière dont Quine présente les choses, il ne semble indispensable que faute d'objets propositionnels sur lesquels généraliser ou comme on dit quantifier. Nous aimerions peut-être formuler le Tiers Exclu en disant :

Pour toute proposition *p*, *p* ou non *p*,

en généralisant sur les propositions, en tant que significations exprimées par les énoncés. Mais divers arguments montrent que cette formulation est incohérente, dont le moindre n'est pas l'absence de telles propositions dans

---

[13] Voir par exemple Shapiro « *Proof and Truth : Through Thick and Thin* », The Journal of Philosophy 45, 1998 : « Les déflationnistes soutiennent que le prédicat de vérité n'est qu'un outil linguistique pour affirmer indirectement, et partie d'un outil linguistique pour la généralisation. » (Shapiro n'est pas déflationniste, mais sa caractérisation est tout à fait correcte).
[14] *PT*, § 33.
[15] Pour ne pas parler de Tarski, parfois enrégimenté également sous cette bannière.
[16] La montés sémantique est l'héritière du « mode formel du discours » de Carnap (voir § 56).

une saine (selon Quine toujours) ontologie.[17] Du coup, on ne peut raisonnablement procéder qu'à une généralisation « oblique », c'est-à-dire quantifier à un niveau linguistique, sur les énoncés. Le prédicat de vérité vient *alors* annuler la montée sémantique à laquelle nous avons été contraints, dans :

Tout énoncé de la forme « *p* ou non *p* » est vrai,

où *p* n'est pas une variable, mais une simple lettre schématique marquant des places d'énoncés. Il y a encore ici une sorte de décitation, métaphorique cette fois, au sens où c'est la référence linguistique générale qui est annulée.

On pourrait conclure de ces considérations que Quine est encore plus déflationniste que le plus ardent déflationniste, puisque le prédicat de vérité ne semble être là que pour remédier aux difficultés où nous plonge l'absence de propositions, conformément à la règle générale qui veut que simplifier l'ontologie oblige à compliquer la grammaire. Je ne le crois pas, parce qu'on peut indiquer le lieu où Quine fausse compagnie au déflationnisme.

Il s'agit du lien exact entre le prédicat de vérité et la généralité. Le déflationniste, de la remarque correcte que « vrai » permet d'affirmer en bloc une infinité d'énoncés, tire la conclusion que le prédicat *n'est qu'un* moyen logique d'exprimer la généralité, et éventuellement qu'il n'est que l'équivalent d'une expression infinitaire. D'où d'ailleurs sa prédilection fréquente pour une théorie de la vérité qui prenne la forme de la conjonction infinie des équivalences T (relatives au langage étudié) ; car la conjonction infinie des « définitions partielles » du prédicat de vérité illustre clairement son caractère d'outil de généralité logique.[18] Quine observe également que « vrai » est indispensable une fois que nous avons généralisé sur des énoncés. Mais il n'en conclut pas qu'il n'est qu'un instrument logique de généralisation, au contraire : sa fonction est de nous *ramener sur terre*, si l'on peut dire. Il est là justement pour annuler la montée sémantique, à laquelle nous a contraint le

---

[17] Je résume ici le texte pertinent de *PL* (chap. 1) ; l'autre argument est l'usage incohérent de la lettre *p*, occupant tantôt des places de phrases, tantôt une place de nom, en tant que variable ; or les variables sont pour Quine, au sens fort, des *pro-noms*, jamais des *pro-phrases* (voir Chap. V), ce qui empêcherait d'éliminer facilement « vrai » à la manière de Ramsey si on acceptait des propositions et avec elles un prédicat propositionnel de vérité. Lier l'utilité du prédicat de vérité à l'absence de propositions est une présentation quelque peu rhétorique de la situation.
[18] Prédilection que ne partagent pas nécessairement tous les déflationnistes.

besoin de généralité. Il n'exprime pas la généralité : il remédie à la forme qu'elle a dû prendre. Ce n'est pas la même chose.

C'est pourquoi Quine peut dire avec raison que le caractère décitationnel de la vérité est le noyau rationnel de l'idée de vérité-correspondance. A moins de rester silencieux, nous devons bien utiliser une expression linguistique pour décrire la réalité qui rend vrai un énoncé : quoi de mieux que d'utiliser cet énoncé lui-même (ou sa traduction, si comme chez Tarski, la traduction est présupposée)? Si cette intuition est déflationniste, alors le déflationnisme n'est rien d'autre que la correspondance bien comprise.[19] Naturellement, nos attributions de vérité ne peuvent se faire que de l'intérieur de notre théorie du monde.[20] Mais utiliser notre théorie du monde, c'est justement parler *du monde*, et tel est le sens de la décitation.

C'est pourquoi aussi Quine reprend à son compte l'exigence d'une définition explicite (autant qu'il est possible, bien sûr) de la vérité, c'est-à-dire de l'extension du prédicat « vrai » appliqué à un langage. Et ce de manière d'autant plus urgente que la définition de la vérité est engagée dans la notion de *vérité logique*, qu'on la formule en termes de substitution ou en termes de modèles.[21]

Appliqué à *un* langage, donc possiblement à *des* langages, ou appliqué *au langage*, le seul et unique langage digne de considération scientifique ? Tout dépend de ce qu'on appelle « langage » et du point de vue adopté. Si l'on caractérise un langage par sa grammaire *plus* son lexique, c'est-à-dire essentiellement la liste finie des prédicats qui constitue sa signature, il y aura bien sûr autant de définitions récursives de la satisfaction (donc indirectement de la vérité) que de langages. Mais d'un point de vue plus général, si l'on abstrait de ces différents langages leur structure commune, on aura affaire à la *grammaire logique* standard, et c'est en relation avec cette grammaire logique qu'on peut considérer la *théorie générale* de la définition d'un prédicat de vérité. C'est ce que faisait Tarski au § 4 du *Wahrheitsbegriff* à propos des langages d'ordre fini ; c'est ce qu'esquisse Quine dans *Philosophy of Logic*, mais à sa façon.

---

[19] Traditionnellement, la théorie de la vérité correspondance a cherché autre chose : la « vraie » structure de la réalité, exposée dans un langage supposé "métaphysiquement" transparent, et la relation, disons d'isomorphisme, entre cette structure et la structure des phrases.
[20] § 6, p. 24 en particulier.
[21] *PL*, chap. 4 : « Nous ne devons pas perdre de vue une autre notion très substantielle qui figure dans ces définitions, à savoir la notion de vérité. ».

Engageons-nous dans cette « périlleuse aventure » sans trop nous soucier pour l'instant des ressources mises à notre disposition.[22] La manière dont on définit ordinairement et récursivement la satisfaction des énoncés ouverts par des suites d'objets (ou des assignations) est bien connue, ainsi que celle dont on obtient la définition recherchée : un énoncé est vrai *ssi* il est satisfait par une, ou toutes les suites (ou les assignations). Intéressons-nous à présent aux ressources utilisées pour construire cette définition : ce qui a été utilisé comme « métalangage », c'est l'appareil usuel d'une théorie des ensembles, plus les prédicats figurant dans le langage particulier relativement auquel la définition a été construite.[23] Cette sorte de répétition nous invite à tenter, plus économiquement, de reconstruire cette définition dans le langage-objet lui-même, soit en lui en adjoignant le prédicat $\in$ et du coup les notions définissables à partir de lui, soit en prenant dès le début comme langage-objet un langage le contenant, plus dans les deux cas, évidemment, les moyens de désigner ses propres expressions. En bref, à confondre langage-objet et métalangage. Ce que montrent les paradoxes comme le Menteur ou le paradoxe de Grelling, c'est que les expressions comme « $x \in$ Vrai », « la suite s satisfait y », reconstruites dans le langage-objet, ne définissent ni un ensemble (qui serait l'ensemble des énoncés vrais), ni pour la seconde une relation (qui serait aussi un ensemble, un ensemble de paires ordonnées, suites/énoncés ouverts), du moins du point de vue du langage et de la théorie des ensembles qui y est incorporée. Il y faudrait un métalangage contenant une théorie plus forte.[24] Ou plutôt, un seul et unique langage « inclusif », avec des niveaux de classes et une hiérarchie de prédicats de vérité.[25]

J'ai résumé à très grands traits la présentation en quelque sorte « renversée » que fait Quine de la construction de Tarski. Y a-t-il une conclusion à en tirer, relativement à la question posée plus haut, de l'inspiration déflationniste de Quine ? Je crois que oui.[26]

---

[22] Voir *PT*, § 35.
[23] Par exemple dans la clause : « le prédicat '...lit---' est satisfait par la paire d'objets $\langle x, y \rangle$ ssi x lit y ». Tarski a souligné ce point lorsqu'il discute du caractère purement morphologique de la définition de la vérité ; Quine y insiste dans *PL*.
[24] On doit supposer que Quine prend pour acquis que le langage-objet, est consistant, avant la tentative de construction des prédicats sémantiques : du moins n'en parle-t-il pas.
[25] « C'est ainsi que je l'aime », précise Quine dans *PT* § 37. Sa conception du langage est celle d'un universalisme « progressif » ou par étapes.
[26] « L'idiome du réalisme (…) fait partie intégrante de la sémantique du prédicat de vérité », *FSS*, VI.

Le prédicat de vérité est *résistant*, au sens où il résiste obstinément à diverses tentatives de définition apparemment raisonnables. Les équivalences T, prises une à une, et toute transparentes qu'elles soient, ne sont que des « définitions partielles », mais ne donnent pas ce qu'on attend d'une définition : l'élimination du terme défini. La conjonction infinie des équivalences T, outre qu'elle ne constituerait une définition que de façon métaphorique, ne délivrerait pas ce qu'on attend d'une définition intuitivement adéquate de la vérité : Tiers Exclu, non contradiction, sauf usage de moyens infinitaires. Une définition explicite requiert une théorie plus forte que la théorie à laquelle le prédicat s'applique, sous peine de contradiction (Quine préfère dire qu'elle ne spécifie pas un ensemble dans la théorie objet). A chaque fois, l'explication attendue manque à être une élimination complète, et ce point est selon Quine caractéristique du *statut* de la vérité.[27] Mais dans le système de pensée de Quine, on pouvait s'y attendre : parler de vérité (d'un énoncé, d'une théorie) suppose qu'on regarde un instant au dehors. Dans la réalité directement, a rêvé la philosophie ; dans un langage plus englobant, répond sagement Quine, et ainsi de suite ... Mais le prédicat de vérité pointe *au-delà* de ce à quoi il s'applique. C'est à ce trait que le déflationnisme est aveugle.

Ma conclusion sera que l'analyse par Quine du concept de vérité est la plus subtile, et probablement la plus juste, de toutes celles qu'on trouve aujourd'hui sur le marché philosophique (une sorte de *quintessence conceptuelle* de celle de Tarski): décitation sans déflation. Quine ne dit que quelques mots de la vérité dans ce premier chapitre de *W&O*, mais ils caractérisent d'emblée ce qu'on peut appeler *l'internalisme* de Quine, qui se résume en deux évidences faciles à oublier: on ne connaît le monde qu'à travers la connaissance que nous en avons (on ne peut sortir dehors); mais c'est bien le monde que nous connaissons ainsi (on regarde au dehors), autant qu'il est possible. La première idée est kantienne, la seconde non.

Bien différent de cet internalisme métaphysique, - ou anti-métaphysique si l'on préfère -, est le repli sur « notre » culture, *l'internalisme ethnologique*, sur lequel va déboucher la mise en scène du chapitre suivant.

---

[27] Voir *PT* § 36.

Chapitre II : Le linguiste et l'enfant

Exposition

Sans nous demander pour l'instant pourquoi une enquête sur la référence nous a fait atterrir dans la jungle ou dans la brousse, suivons les étapes par lesquelles passe le linguiste totalement ignorant de la langue dans laquelle il est plongé et observant son informateur étranger, c'est-à-dire tentant d'établir des corrélations entre des situations intersubjectivement observables et les émissions verbales du dit étranger, afin d'établir une traduction de son langage.

Pour prendre l'initiative des questions, le linguiste va tenter d'identifier les émissions verbales ayant valeur d'assentiment ou de refus (les « oui » et les « non » indigènes), et sur cette base qu'il sait précaire, accumuler des preuves inductives en faveur de telle et telle traduction de certaines locutions étrangères : pour cela, il se base sur ce qu'il dirait, lui, dans les mêmes situations, supposées déclencher, *via* les stimulations qu'elles induisent, les réactions verbales de l'informateur. A partir des corrélations constatées, il a toutes les raisons du monde d'inférer ce qui déclencherait l'assentiment ou le refus de l'étranger, à une question qu'il poserait avec les phrases pour lesquelles il a déjà une hypothèse d'interprétation. La classe des situations qui susciteraient un « oui », et la classe des situations qui provoqueraient un « non », forment à elles deux une sorte de signification qu'il peut accorder à la locution étrangère : on a là un concept de signification empiriquement fondé (c'est-à-dire fondé sur le comportement verbal manifeste), celui de *signification stimulus* d'une émission verbale prise en bloc (§ 8). Plus précisément : la signification stimulus d'une phrase (relativement à un « module », c'est-à-dire un intervalle d'observation jugé pertinent) est la paire ordonnée de deux classes de stimulations, celles qui détermineraient l'assentiment, celles qui détermineraient le refus.[28]

Naturellement, toutes les émissions verbales de l'informateur ne sont pas aussi étroitement liées à des situations particulières, même en admettant que ce dernier a compris qu'il s'agissait d'une leçon de langage. Le linguiste doit donc parvenir à distinguer phrases occasionnelles et « *standing sentences* », qui sans être des phrases éternelles (leur valeur de vérité n'est pas fixée une fois pour toutes) peuvent être approuvées durablement sans lien assignable avec une situation ponctuelle, comme : « le soleil s'est levé », vrai chaque jour pendant quelques heures, disons. Ces phrases durables sont au-delà de sa compréhension. Même parmi les phrases occasionnelles, certaines résistent à la traduction, car elles contiennent de l'information collatérale que le linguiste ne peut isoler des aspects visibles de la situation actuelle. Cependant, en multipliant les informateurs, le linguiste peut cerner une classe de phrases dont la signification stimulus est le moins parasitée par l'information collatérale : ce sont les phrases *d'observation*, définies par la constance sociale des réponses (§ 10). Un bon test pour les reconnaître est que leur signification stimulus soit uniforme dans la communauté (à l'information près partagée par tous, évidemment), puisque les membres d'une même communauté linguistique sont censés avoir le même langage, mais pas tous les mêmes connaissances. Il faut insister sur le fait que pour ces phrases, toujours prises de manière holophrastique, *il n'y a pas* indétermination de la traduction ; avec toutes les erreurs et approximations habituelles dans la recherche, elles peuvent être traduites. Pour ces phrases, « la notion de signification stimulus constitue une notion raisonnable de signification ». D'où, leur importance sémantique: « elle sont le coin pour le traducteur pour entrer dans le langage cognitif, aussi bien que pour l'enfant dans son pays natal ».[29]

Pour ces phrases, mais pour elles seules ! Les corrélations que le linguiste a pu inférer entre ces phrases observationnelles et ce qu'il dirait dans les mêmes situations permettent d'établir une sorte de relation de synonymie interlinguistique entre phrases, la *synonymie stimulus*, respectable aux yeux du

---

[28] Parenthèse méthodologique : Le conditionnel est exigé, puisqu'on ne peut identifier la signification stimulus à la classe des situations qui ont de fait provoqué la réaction observée : il s'agit bien de la classe des stimulations qui provoqueraient la réponse si le natif y était confronté. Un tel conditionnel "contrefactuel" est à interpréter en termes de dispositions. Voir § 46 pour la réduction partielle des dispositions à des structures sous-jacentes, qui rend le concept de disposition admissible dans certains cas au moins.

[29] « *Three Indeterminacies* », in *Perspectives on Quine*.

behaviouriste strict dont Quine a adopté les exigences dans cette description de la traduction radicale. Mais cette relation ne peut être élargie au-delà de cette sphère relativement étroite. Et même pour les phrases observationnelles, elle n'est qu'approximative, en cas de croyances unanimement partagées par la communauté. Bref, quoique étant la seule réalité saisissable par le linguiste, la signification stimulus ne répond pas, loin de là, à toutes les contraintes qui pèsent sur la notion intuitive de signification.

Le linguiste peut également repérer, semble-t-il, des synonymies stimulus *intralinguistiques* dans la langue, ou peut-être l'idiolecte, de l'étranger (§ 11). Mais cela ne veut pas dire qu'il est capable de traduire ces expressions, qui peuvent être aussi bien des phrases observationnelles que des phrases très éloignées de l'observation. Toutes les stimulations liées à la vue d'un certain individu qui conduisent l'étranger à accepter (l'équivalent, si l'on peut dire par anticipation, de) « oncle » peuvent le conduire à accepter également « frère du père ou de la mère » (*idem*), sans que le linguiste puisse deviner comment traduire ces expressions, faute d'identifier les traits pertinents de la situation ou les connaissances investies dans les réponses : on voit ici à quel point la notion attendue de signification, comme ce qui est invariant sous la traduction, échappe à celle de signification stimulus. Encore est-il qu'avoir même signification stimulus n'est pas un certificat assuré d'authentique synonymie. Imaginons un instant un linguiste étudiant le français comme une langue radicalement étrangère : dans un milieu relativement cultivé, « Vénus », « Etoile du soir », « Etoile du matin » auront à peu près la même signification stimulus ; ce n'est que s'il élargit son échantillon représentatif qu'il s'apercevra que ces expressions ne sont pas réellement synonymes, parce que leur caractère co-référentiel (pour anticiper encore sur la suite) dépendait d'une dose d'érudition astronomique que tous les locuteurs ne possèdent pas. La parabole des monnaies vient illustrer ce point.

Cette remarque conduit à la première des conclusions de l'analyse de la traduction radicale : non seulement la synonymie stimulus de deux expressions (du même langage, ou de deux langages distincts) en tant qu'holophrases, ne garantit pas leur synonymie authentique, mais elle ne garantit même pas leur co-extensivité ou leur co-référentialité, parce que l'identification de leur signification stimulus ne détermine nullement la manière dont les aspects des situations peuvent être découpés, isolés, nommés ou dénotés par des termes. Pour qu'on puisse discuter de la co-référentialité de termes, il faut évidemment avoir en main les notions de terme et de référence. Or nous n'avons jusqu'ici rien de tel.

« Quand d'autres langages que le nôtre sont concernés, la co-extensivité des termes n'est pas une notion manifestement plus claire que la synonymie ou la traduction elle-même » (§ 12)

Cette première conclusion concerne la référence. La seconde conclusion concerne les concepts de la signification et en particulier, comme tout lecteur de Quine s'y attend, le concept d'analyticité (§ 12 et 14). Admettons qu'on appelle « *stimulus analytique* » un énoncé accepté par tous, dans toutes les situations, sous toutes les stimulations ; ne pourrait-on dire que l'analyticité stimulus d'un bi-conditionnel « Tous les A sont B et réciproquement » *définit* la synonymie de A et de B ? (remarquer qu'ici Quine a abandonné la perspective de la traduction : il s'agit de questions sur notre langage, où l'on dispose déjà de termes). En un sens oui, mais l'analyticité stimulus même socialisée ne filtre pas la co-extensivité socialement et uniformément connue pour ne laisser passer que la synonymie attendue. Plus généralement, définir l'analyticité de manière behaviouriste, comme ce qui suscite l'assentiment général dans tous les cas, ne permet évidemment pas de départager clairement ce qui est *connaissance commune* factuelle, et ce qui est connaissance linguistique; tant pis donc pour le concept naïf d'analyticité !

La notion intuitive (et philosophique) de signification répond à plusieurs demandes (voir § 43), dont au moins :

- qu'elle puisse être partagée et saisie en commun par les locuteurs d'une même langue ;
- qu'elle soit la propriété des mots pris isolément, puis par composition des phrases, elles mêmes prises isolément;
- qu'elle soit un invariant pour la traduction de langue à langue ;
- qu'elle soit distincte des croyances et des savoirs sur le monde ;
- qu'elle explique la notion de « vrai en vertu du sens des mots » (analyticité) ;

On doit donc conclure que « la notion de signification stimulus ne rejoint pas les demandes intuitives sur la notion non définie de *meaning* » (§ 14). Sauf pour les phrases d'un haut degré d'observationnalité, on n'obtient dans la traduction qu'un « ersatz behaviouriste » des notions intuitives. Faute d'ancrage behaviouriste, ces notions manquent de légitimité.[30]

Revenons à la traduction. Doit-on, faute toujours d'ancrage behaviouriste, abandonner aussi les concepts de la référence ? Nullement : ici les destins de la signification et de la référence se séparent. Le linguiste a bien raison de se mettre à segmenter les phrases étrangères en noms, verbes, pronoms, termes généraux, et autres auxiliaires grammaticaux, qui sont les outils de la référence. Simplement, il faut savoir qu'il ne fait que projeter son propre appareil référentiel par la « méthode des hypothèses analytiques ». L'attribution d'une référence aux termes ainsi isolés est donc *postérieure* à l'imposition de cet appareil référentiel, car les termes généraux, par exemple, « ne peuvent être maîtrisés sans qu'on maîtrise leur principe d'individuation » : pour décider si le célèbre « gavagai » fait référence à des lapins, à des parties de lapin, ou à des phases temporelles de lapin, il faut avoir imposé nos locutions « le même que », « autre », « un ou plusieurs », l'identité et le pluriel, etc., sur le langage étranger, sans que rien dans les données d'observation ne vienne contraindre ces traductions. Et donc l'inscrutabilité de la référence, et pour finir l'indétermination de la traduction, proviennent de l'indétermination primordiale de la traduction de l'appareil d'individuation.

« L'indétermination entre « lapin », « phase de lapin », et le reste dépend seulement d'une indétermination corrélative de la traduction de l'appareil français [anglais] d'individuation, - l'appareil des pronoms, la pluralisation, l'identité, les noms de nombres, etc. (…) L'inscrutabilité de la référence pivote sur l'indétermination de la traduction de l'identité et de l'appareil d'individuation ».[31]

La séquence conceptuelle qui mène à la thèse de l'indétermination « holophrastique », est donc : indétermination fondamentale de la traduction des particules et des constructions grammaticales, d'où inscrutabilité de la référence (autrement nommée : relativité de l'ontologie), d'où finalement, affirme Quine, la grande vraisemblance de la thèse de l'indétermination de la

---

[30] Voir la réponse à Nozick: « Ma thèse de l'indétermination de la traduction avait pour sens de miner la notion traditionnelle et non critique d'identité de signification et donc de signification. Mon développement de la notion de stimulus signification était une exploration des limites d'une idée noyau de signification, empiriquement défendable et scientifiquement indispensable. » (*Schilpp*, p. 367).
[31] « *Ontological Relativity* » (*in OR*), p. 35 et 45.

traduction.³² Ce n'est pas dire que la traduction est impossible, au contraire, puisque plusieurs sont également possibles, si la thèse est vraie ; également possibles, sans qu'on puisse dire que l'une est plus *correcte* que l'autre, bien que certaines soient certainement meilleures en termes de fluidité de la conversation qu'elles permettent.

---

³² J'ai laissé de côté à dessein la section 13, qui fera l'objet d'une discussion ultérieurement. Mais Quine avait une raison pour faire figurer une section sur la vérité logique avant la discussion de l'analyticité. Car si on avait une notion bien fondée de synonymie, on pourrait définir un énoncé analytique comme un énoncé qui peut être transformé en vérité logique par substitution de synonymes ; voir « *Two Dogmas of Empiricism* », *in FLPV*.

Discussion : Traduction

Spéculer sur la genèse de la référence à partir de l'arrière fond des stimulations que nous recevons du dehors, est un programme susceptible d'éclairer la structure de notre appareil référentiel, écrit Quine dans *The Roots of Reference*.[33] Et c'est précisément le programme annoncé et justifié au Chapitre Un de *W&O*, car toute la signification empirique dont le langage est dépositaire vient en définitive de ce sol. L'idée d'une telle genèse n'exclut évidemment pas qu'il y ait des « sauts qualitatifs », des moments féconds et créateurs. Mais tout d'un coup, il semble que Quine prenne une autre direction : il va plutôt s'agir de montrer les *limites* du contenu empirique du langage, et de mettre à jour l'espace « empiriquement inconditionné » que les stimulations qui nous affectent laissent à l'aspect conceptuellement créateur du langage.[34] Et soudain l'appareil référentiel apparaît comme une création arbitraire *ex nihilo* : véritable changement de cap. Ce qui est étrange, c'est que pour soutenir cette position dont on peut se demander si elle est fidèle au *naturalisme* proclamé, et qui à tout le moins souligne les limites de l'empirisme, Quine mobilise la doctrine la plus radicalement empiriste en psychologie et en linguistique : le behaviourisme.

L'enfant est censé apprendre « rouge » par conditionnement et renforcement de ses bonnes réponses en présence de situations où l'ostension de la couleur rouge est possible, puis devient capable d'assentir (ou non) à diverses émissions verbales des adultes. Il est en effet concevable que les tout premiers pas de l'apprentissage « dépendent du comportement visible dans des circonstances observables ».[35] Mais je pense qu'aujourd'hui tout linguiste sérieux conviendrait que pour aller plus loin dans la production de phrases grammaticales et dans l'acquisition de l'appareil référentiel dont l'enfant se révèle vite capable, il faut doter l'enfant de capacités linguistiques innées plus élaborées que le principe de plaisir et le désir d'accentuer la ressem-

---

[33] RR, § 22.
[34] § 7.
[35] « *Indeterminacy of Translation again* », *The Journal of Philosophy*, 84, 1987.

blance entre scènes passées et scènes actuelles.[36] Il n'y a aucune raison scientifique de conclure, du caractère social de l'apprentissage, qu'il n'y a « rien de plus dans la signification linguistique » que ce qui est glané par association, imitation, reproduction, et renforcement.

L'enfant ainsi décrit, et le linguiste « de jungle » imaginé par Quine, occupé à traduire une langue absolument inconnue, se ressemblent : l'enfant doit acquérir un langage, comme le linguiste doit parvenir à comprendre celui qu'il étudie. En fait, précise Quine, ils ne se ressemblent que superficiellement : car l'enfant est censé ne posséder aucun schème référentiel inné, et le linguiste en possède un, celui de sa langue maternelle. C'est une bien curieuse façon d'aborder le problème de la genèse de la référence ! Car aucune des réponses possibles aux deux questions : - comment l'enfant acquiert-il la référence des adultes ? – comment le linguiste identifie-t-il celle de la langue étrangère ? -, n'est de toute façon une réponse à la question posée : quelle est la base empirique de la genèse de la référence. Que s'est-il passé ?

Il s'est passé qu'un combat est venu interférer avec le programme annoncé : le combat contre l'idée qu'on peut intégrer les concepts de la *signification* dans la conception scientifique du monde.[37] Le concept fondamental d'une théorie de la signification serait celui de *proposition*, entendu comme le sens trans-linguistique qu'expriment des phrases synonymes au-delà de la barrière des langues (voir § 42). Mais :

« La signification d'une phrase d'un langage est ce qu'elle a en commun avec ses traductions dans un autre langage : c'est ainsi que je proposai mon expérience de pensée qu'est la traduction radicale. Cela conduit à une conclusion négative, une thèse d'indétermination de la traduction. »[38]

Etablir, comme tente de le faire Quine, *l'indétermination de la traduction*, c'est ruiner l'idée que le linguiste pourrait réussir ou échouer véritablement dans son entreprise de traduction, c'est-à-dire réussir ou échouer à trouver dans sa propre langue un énoncé exprimant *la même proposition* qu'un énoncé donné de la langue étrangère. Et pour ce faire, Quine va mobiliser tout

---

[36] Voir RR, § 8.
[37] Sur la division de la sémantique en sémantique du sens, et sémantique de la référence, voir « *Notes on the Theory of Reference*», *in FLPV*. C'est un vieux combat, mené en particulier contre Carnap, et étroitement lié au combat obstiné contre la logique modale.
[38] *PT*, § 14.

l'argumentaire behaviouriste pour tenter de montrer qu'il n'y a rien à découvrir comme significations de la grande majorité des phrases étrangères, et tout à projeter.

C'est ici que se nouent le programme annoncé et le combat poursuivi. Car la thèse, ou la conjecture, de l'indétermination de la traduction est une conséquence (présentée comme très probable) de l'indétermination de la référence, - de l'extension, pas seulement du « *meaning* », précise Quine.[39] C'est parce que l'identification des morphèmes, particules, et constructions de l'appareil référentiel de l'étranger, ne repose sur aucun critère comportemental que les hypothèses analytiques du linguiste qui spécifient cet appareil ne sont qu'une projection du sien propre sur une *terra incognita*. Et encore est-il abusif de parler de projection sur un territoire inconnu, puisque, comme on va le voir, il n'y a rien à connaître : Quine conclut par cette thèse inattendue qu'il n'y a pas de « *matter of fact* » (§ 16). Finalement, il n'est pas étonnant, ajoute-t-il, que sur la base d'hypothèses analytiques que si peu de données justifient, - si tant est qu'il y ait ici matière à justification -, deux linguistes puissent aboutir à deux manuels de traduction différents, également compatibles avec le comportement verbal des étrangers : indétermination de la traduction, ce qu'il fallait prouver.

Précisons d'abord cette idée : pas de question de fait. Les hypothèses de traduction du linguiste sont dites « analytiques » parce qu'elles concernent la segmentation des phrases, - avant elles, les émissions verbales ont été prises de manière *holophrastique* -, en parties de différentes catégories; peut-être aussi y a-t-il dans l'usage de ce terme comme un clin d'œil à Carnap : ici au moins règne l'arbitraire d'un choix de langage pour la traduction. Mais ce ne sont pas vraiment des hypothèses. Car l'indétermination n'est ni purement méthodologique (le linguiste est contraint de sauter bien au-delà de l'évidence disponible), ni seulement épistémologique (nous ne saurons peut-être jamais ce qu'il en est). Elle est *ontologique*, et c'est la raison (affirme Quine) pour laquelle l'indétermination de la traduction n'est pas un cas particulier de la sous-détermination générale des théories scientifiques : il ne s'agit pas de compatibilité de différentes versions avec l'*évidence* disponible, mais de compatibilité avec la *totalité des faits* du monde, connus ou inconnus.

---

[39] Par exemple dans « *Ontological Relativity* ». Parler d'indétermination est plus correct que parler d'inscrutabilité, comme l'a noté Quine, s'il est vrai qu'il n'y a rien à scruter.

Quels pourraient être ces faits ? Pour anticiper sur la réduction du mental (voir § 54), admettons que les attitudes propositionnelles, - par exemple, ce que nous appelons « saisir une proposition » -, puissent être identifiées à un état physique du cerveau. La thèse d'indétermination ontologique veut alors dire : les différences de traduction ne reflètent aucune différence dans les états cérébraux des locuteurs. Elles sont littéralement « plaquées » sur une réalité neuronale dans laquelle ces différences ne sont pas inscrites :

« La notion visée de question de fait n'est pas transcendantale, ni épistémologique, ni même une question d'évidence ; elle est ontologique, une question de réalité, et est à prendre de manière naturaliste dans le cadre de notre théorie scientifique du monde. Ainsi supposons, pour rendre la chose vivante, que nous établissions une physique de particules élémentaires, avec une douzaine à peu près d'états et de relations dans lesquels elles peuvent se trouver. Quand je dis qu'il n'y a pas de question de fait concernant, disons, les deux manuels de traduction, je veux dire que les deux manuels sont compatibles avec les mêmes distributions d'états et de relations sur les particules élémentaires. En un mot, ils sont physiquement équivalents. ».[40]

A vrai dire, l'indétermination ontologique était déjà présupposée dans les formulations initiales de la thèse d'indétermination. Car si la tâche du linguiste est de découvrir le langage de quelqu'un comme « le complexe de ses dispositions au comportement verbal », et si parler de dispositions est un « idiome programmatique » en attente de faire référence à un état physique hypothétique ou à un mécanisme sous-jacent, dire que deux manuels de traduction sont compatibles avec la totalité des dispositions au comportement verbal, revient à dire qu'ils « flottent » au-dessus des états physiques du cerveau des locuteurs sans qu'on puisse y déceler la moindre différence.

Le problème, c'est qu'on peut se demander si le programme génétique n'a pas été torpillé au passage.[41] Car si on prend à la lettre l'affirmation qu'il n'y a pas de question de fait, cela veut dire non seulement que l'appareil référentiel des locuteurs étrangers est inconnaissable, ce qui est peut-être ac-

---

[40] « *Things and Their Place in Theories* » (*TT*, p. 23). Dans la réponse à Putnam (*Schilpp,* p. 429), Quine parle également de son « identification des questions de fait avec la distribution d'états microphysiques. ». Dans la réponse à Nozick : « même une pleine compréhension de la neurologie ne résoudrait nullement l'indétermination de la traduction » (*Schilpp* p. 365).

[41] « Nous avons trouvé que deux ontologies, explicitement corrélées l'une à l'autre, sont empiriquement sur le même pied ; il n'y a pas de fondement empirique pour choisir l'une plutôt que l'autre. » (*PT*, § 13).

ceptable, mais qu'il n'y a tout simplement rien de tel « dans leurs têtes » : ni référence ni signification n'ont de réalité objective. Mais l'on ne voit pas du tout pourquoi il faudrait les priver de cette compétence, non seulement parce qu'ils ont l'air humain de façon générale, mais plus précisément dans la mesure où on leur a d'emblée attribué un comportement *verbal*. En tant qu'humains, on peut leur attribuer la capacité de répondre à des stimulations ; autrement dit, il y a tout lieu de penser qu'ils possèdent la base sensorielle de cette genèse de la référence qui était le premier objet de l'enquête : pourquoi ne seraient-ils pas affectés par le corps de Maman, prototype des autres corps ? Et en tant que manifestant un comportement verbal, ils font preuve de cette capacité sociale de communication qui était réputée être l'une des sources de l'objectivation. Pourquoi n'y aurait-il pas de question de fait concernant leur système de référence ?

A mon sens, le behaviourisme « philosophique » (?) a ici enfoncé un coin dans le naturalisme dont Quine se revendique par ailleurs. Car comment continuer de manière cohérente à chercher les *racines* des mécanismes de la référence dans la réception sensorielle, ou dans la perception, ou dans ce qu'on voudra, si l'on maintient par ailleurs la thèse de l'indétermination de la référence ? Si elle est indéterminée « chez les autres », elle doit l'être aussi « chez nous ». C'est d'ailleurs la conclusion étrange à laquelle Quine est parvenu sur cette lancée. « Peut-être que je rêve en faisant des mathématiques », s'est inquiété Descartes dans un moment sceptique ; « peut-être ne sais-je pas de quoi je parle », a enchaîné Quine dans une surenchère sceptique. Mais c'était précisément le genre de scepticisme qu'il avait récusé au départ comme une regrettable « timidité logique ».

Chapitre III : grammaire de la référence

Exposition

Quine n'entend évidemment pas par « référence » l'acte de *faire référence*, comme quand nous disons : « en parlant du positivisme, je faisais référence à Carnap ». Il s'agit plutôt de l'ensemble des *moyens* dont dispose notre langage pour parler d'objets, en laissant à ce dernier mot son indétermination.[42] En fait, la polysémie de « référence » est suffisamment ouverte pour que le terme désigne aussi la totalité des *objets* auxquels se rapportent, selon diverses *relations* dites aussi de « référence », ces dispositifs du langage : termes généraux et singuliers, déterminants, pronoms, etc. Mais cette polysémie est conceptuellement fondée, puisqu'il n'y a d'objets que pour autant que le langage, avec son appareil référentiel, nous permet de les individuer et, en un sens, de les *constituer*. Telle est la « relativité de l'ontologie », leçon que Quine croit pouvoir tirer de l'inscrutabilité de la référence affirmée au Chapitre précédent. Mais même d'un point de vue interne à notre langage, examiner son appareillage référentiel ne veut pas dire que nous allons prendre à la lettre toutes les suggestions de la grammaire quant à ce qui existe : il y a bien des branches de la grammaire, pour reprendre une métaphore de Quine, que la philosophie élaguera ![43] Ce sera pour plus tard; en attendant, dressons l'inventaire raisonné des instruments linguistiques de la référence ordinaire.

Je dis « inventaire raisonné » pour souligner que le titre du Chapitre de *W&O*, « L'ontogenèse de la référence », annonce une promesse largement non tenue. Seule la section 17 revient sur les étapes du conditionnement qui permet au petit enfant de gazouiller « maman » quand Maman apparaît, ou

---

[42] On peut se demander à bon droit à quoi réfère le « notre » de « notre langage ; à l'anglais ? mais aussi au français, ou aux langues indo-européennes en général ? Quine dira parfois : « à mon idiolecte ». Acceptons que ce problème reste ouvert pour l'instant.
[43] *PL*, Chap. 3.

de répondre intelligemment s'il entend prononcer le mot. Puis il est censé amasser du langage par imitation, ce qui revient à abandonner le sujet. En fait, à partir de la section 19, le point de vue a changé: il s'agit d'un catalogue des formes grammaticales d'un langage que l'on peut dire *adulte*. Pour autant qu'il y ait encore genèse, il s'agit d'une genèse conceptuelle ou d'une reconstruction rationnelle, par complexité croissante de constructions: prédication singulière, formation des termes démonstratifs par application d'un déterminant à un terme général, termes relationnels, composition de prédicats, termes indéfinis, abstraction enfin.

Les deux modes fondamentaux de la relation de référence sont *nommer*, et *être vrai de* (ou : *dénoter*, mais au sens de Stuart Mill)[44]. Un terme singulier (*défini*, précisera heureusement le § 23), par exemple un nom propre, « Sarkozy », *nomme* ou *désigne* un objet bien individualisé, sauf cas particulier où il ne nomme rien de réel, comme « Superman ». Un terme général, « pomme », « cheval », *est vrai de* certains objets, ou *s'applique à*, ou encore *dénote* ces objets (sauf cas particulier, comme « licorne ») ; la relation converse est *satisfaire*. Le traitement des termes généraux est radicalement nominaliste, d'une sorte de nominalisme grammatical, indépendant du nominalisme ontologique qui concernera ultérieurement les propriétés. Il est crucial de se défaire de l'idée qu'un terme général *nomme*, qu'il est le nom d'une propriété ou d'un attribut, ou encore le nom d'une classe.[45] Cette idée provient d'une surinterprétation des termes généraux, dont Quine imaginera le processus au § 25, et qu'il s'efforcera de dynamiter dans le dernier chapitre de *W&O*.[46] Dans la combinaison fondamentale qu'est la *prédication*, le terme général est simplement vrai ou faux de l'objet nommé par le terme singulier défini, s'il y a rien de tel; et s'il n'y a rien de tel, la prédication est comme suspendue, et probablement ne possède pas de valeur de vérité. Les variables, bien qu'elles introduisent un nouveau mode de la référence, « avoir ou prendre des valeurs », ne constituent pas une nouvelle catégorie : ce sont des termes singuliers, et elles deviendront même plus tard les termes singuliers par excel-

---

[44] La malheureuse traduction de "Bedeutung" (Frege) par « dénotation » a rendu cette famille de mots quasiment inutilisable en français. C'est regrettable. La comparaison avec Stuart Mill, par ailleurs, s'arrête là : un terme général, pour Quine, ne connote pas (des attributs ou propriétés), voir § 49.

[45] L'importance logique de ce point apparaîtra au Chapitre VI, en relation avec le rejet par Quine de la logique du second ordre. Quine n'est cependant pas nominaliste, voir son admission des classes (ensembles) dans l'ontologie.

[46] « Un mot peut s'avérer utile en des positions où il encourage l'assomption d'objets dont il est vrai, sans par là même encourager l'assomption d'objets liés à lui autrement, par exemple une extension ou une intension. »§ 49.

lence.⁴⁷ Mais elles ne figurent pas dans la grammaire du langage tout à fait ordinaire.

En revanche, on pourrait admettre que les *termes de masse* comme « eau », ou les adjectifs de couleur, comme « rouge », forment une nouvelle catégorie, intermédiaire entre celle des termes généraux individuatifs (ou « à référence divisée »), et celle des termes singuliers.⁴⁸ Ces termes de masse sont parfois rétifs à figurer en position prédicative (« ceci est une eau » est une phrase déviante), mais ils diffèrent aussi des termes singuliers en ceci qu'ils ne nomment pas un objet à proprement parler, doté d'une configuration stable et d'une certaine unité, mais une substance dont les parties sont éparpillées de par le monde. Ils peuvent cependant figurer en position de sujet grammatical (« le pain est un aliment de base »), et aussi en position de prédicat (« ceci est rouge », « ceci est du mouton » à côté de « ceci est un mouton »: ce dernier exemple pour rappeler qu'un terme général peut avoir un usage comme terme de masse). Ces termes de masse sont sans doute un héritage archaïque des premières étapes de l'apprentissage du langage, à un moment où la différence entre apprendre un mot comme phrase, et apprendre ce même mot comme terme n'était pas encore clairement établie.⁴⁹ Quoi qu'il en soit, leur « caractère protéen » n'empêche pas que leur usage se répartisse entre la fonction de sujet et celle de prédicat, si bien que du point de vue de l'analyse de la prédication, ils ne forment pas vraiment une catégorie à part.⁵⁰

Dans l'article « *Notes on The Theory of Reference* », Quine ajoute un autre concept aux concepts fondamentaux de la sémantique de la référence : le concept d'*extension*. C'est à première vue curieux, car il semble qu'on puisse faire référence aussi bien à des *intensions* : la propriété d'être rouge, celle d'avoir toutes les qualités d'un grand général, ou l'attribut que nécessairement possède 9 d'être impair. Notre grammaire spontanée, pas plus que ce qui deviendra quelques années après la publication de *W&O* la sémantique des mondes possibles et son rejeton, la logique intensionnelle, n'associe nul-

---

[47] Voir « *Notes on The Theory of Reference* », in *FLPV*. Voir aussi *PT* : « On pense à la référence, en premier lieu, comme reliant les noms et autres termes singuliers à leurs objets. Mais ... » (§ 10). Pour la discussion du rôle des variables, voir ci-dessous Chap. V.
[48] Un terme "individuatif" a des instances ou des exemplaires qu'on peut distinguer et compter. On trouve l'idée de concept individuatif chez Frege, § 54 des *Grundlagen der Arithmetik*.
[49] § 19, et RR § 14. Les adjectifs de couleur seront la souche ultérieure de l'abstraction des attributs.
[50] Voir par exemple la fin de § 21, les termes de masse composés, termes tantôt singuliers, tantôt généraux.

lement référence et extension ! En effet : ce lien sera l'œuvre d'une purification philosophique, qui aura répudié tout ce qui est intensionnel. Mais avant, il aura fallu passer par un certain nombre d'étapes : la construction de termes singuliers abstraits (§ 25), leur réification sous forme d'attributs, l'abstraction intensionnelle (§ 34). En attendant, examinons de plus près comment nous parlons des objets familiers, puis comment nous en venons à élargir notre horizon sémantique.

Les sections 21 à 23 énumèrent un certain nombre de procédés de composition par lesquels des termes généraux, appliqués à des déterminants, pronoms démonstratifs ou articles définis, forment des termes singuliers ; ou combinés à d'autres termes généraux, forment de nouveaux termes généraux, soit à l'aide d'adjectifs (à valeur d'épithète ou à valeur syncatégorématique), soit par composition booléenne ; ou encore, quand il s'agit de termes généraux relationnels, forment par application à un terme singulier de nouveaux termes généraux « absolus » (ou monadiques), comme « frère d'Abel » ou s'il s'agit d'un verbe transitif, « aime Juliette ».[51] Enfin, par application de l'article défini à la première de ces constructions, on obtient une *description définie*, « le frère d'Abel », qui désigne Caïn, et par application d'un pronom relatif à l'autre, on obtient un terme général d'un nouveau genre, une *subordonnée relative* : « qui aime Juliette », d'où la description définie « l'homme qui aime Juliette ». Une nouvelle catégorie de termes singuliers est enfin mentionnée, celle des termes singuliers *indéfinis*. A vrai dire, ce sont plutôt des simulacres (« *dummy* ») de termes singuliers, car « un lion », « chaque lion », ne nomme aucun objet. Bien que de tels termes puissent servir d'antécédents à des pronoms anaphoriques, ils ne peuvent être répétés par substitution à ces pronoms sans modification de sens : où l'on voit qu'ils ne sont pas de véritables termes singuliers, et qu'ils ne désignent pas. Mais ce ne sera qu'à la section 29 que sera notée l'une des caractéristiques propres aux termes indéfinis: les phénomènes de portée. Peut-être Quine est-il disposé, dans cette revue du langage ordinaire, à accepter provisoirement la classification qui range noms propres et termes indéfinis dans la même catégorie des syntagmes nominaux (NP). Plus vraisemblablement, dans la perspective de l'élimination des termes singuliers définis (§ 38) par la quantification, la différence entre les termes singuliers sensibles à des questions de portée et ceux qui ne le sont pas, perdra de sa pertinence.

---

[51] Je préfère dire « relationnels » plutôt que « relatifs », pour éviter toute confusion avec les subordonnées relatives dont il va être question.

La manière dont Quine dresse le bilan des « quatre phases » de la constitution de la fonction référentielle du langage montre clairement, s'il en était besoin, que le point de vue génétique a largement cédé la place au point de vue du *terminus ad quem*. Les constructions répertoriées ont toutes pour effet d'élargir la sphère des objets de référence, à nos risques et périls : la référence peut aller au-delà de *l'existence*. Mais le gain est également considérable, puisque la référence peut désormais aussi transcender *l'expérience*. En particulier, les subordonnées relatives vont permettre de formuler librement des conditions que des objets pourront éventuellement satisfaire, avant que ces objets soient donnés ou postulés. Et l'usage des termes indéfinis est l'instrument par lequel nous pourrons affirmer, éventuellement mais de la manière la plus « pure », l'existence de ces objets. Presque tout est en place pour la construction généralisée des prédicats introduits par la locution « tel que », et pour la quantification (§ 34).

On trouve d'abord les subordonnées relatives dans le rôle de terme général de forme adjectivale, par exemple comme constituant d'une description définie; car à côté de :

   Le livre acheté par moi est difficile,

on peut aussi bien rencontrer :

   Le livre que j'ai acheté est difficile.

Mais Quine, ayant noté ce point, introduit sans trop crier gare un usage qu'on pourrait appeler *transformationnel* des relatives (§ 23).[52] Les subordonnées relatives permettent à la demande d'extraire d'une phrase un terme singulier en position d'argument d'un verbe, et de transformer la phrase en une prédication où le terme singulier occupe régulièrement la position de sujet. A partir de :

   Tous les étudiants ont lu Russell,

---

[52] *RR* soutiendra même que c'est sous cette forme que les relatives sont apprises par l'enfant (§25). Geach, discutant ce point, pense clairement à ces relatives usuelles (pour leur appliquer la « latin prose theory »), alors que Quine anticipe ses constructions en « tel que » pour voir dans les relatives usuelles des termes généraux (des prédicats). On a là un exemple clair du fait que les analyses syntaxiques de Quine sont marquées par les réformes à venir ! (voir *Words and Objections* pour la discussion avec Geach).

on peut *créer* (en introduisant la locution un peu artificielle « tel que » dans le rôle du pronom relatif) la variante :

Russell est tel que tous les étudiants l'ont lu,

où le pronom anaphorique « le » est co-référentiel avec le terme singulier. C'est la première fois que se fait jour dans *W&O* un esprit de réforme du langage. Mais à part une flexibilité nouvelle dans la formation de prédicats, on ne voit pas vraiment l'aspect créateur de cette transformation, puisque la phrase de départ et la phrase d'arrivée ne sont que des variantes l'une de l'autre. Comme le note Quine dans *The Roots of Reference* : « Dire que la subordonnée relative nous permet de mettre tout énoncé au sujet de *a* sous la forme d'une prédication '*a* est *P*', n'est pas dire que nous en avons besoin ».[53]

Mais ce n'est pas le dernier mot de Quine sur les relatives. Il apparaîtra ultérieurement que par une sorte de transfert, les subordonnées finissent par devenir réellement créatrices, parce qu'inéliminables. Figurant en position prédicative, elles suivent en effet par analogie le destin des termes généraux dans les constructions catégoriques. Désormais, les énoncés catégoriques de la forme « Tout *A* est *B* », où *A* et *B* étaient des termes, peuvent contenir aussi des subordonnées relatives et avoir la forme : « tous les objets tels que ..., sont des objets tels que --- », et bientôt avec des variables : « tout objet *x* tel que ...*x*..., est un objet *x* tel que ---*x*--- ». Il arrive à Quine d'affirmer que c'est dans cette combinaison des relatives et des catégoriques que résident réellement les « deux racines de la référence ».[54]

Pourquoi deux racines ? Quine soutient ici une thèse surprenante (pour son lecteur), selon laquelle les variables à l'origine, les variables *originaires*, sont de nature substitutionnelle, et non pas, comme on s'y attendrait, objectuelle (au sens où elles auraient pour valeurs possibles les objets d'un certain univers). Car le va et vient entre « *a* est un *x* tel que ...*x*... » et la phrase initiale « ...*a*... » est une transformation équivalente *par substitution*, d'une constante *a* à une variable *x*. On pourrait objecter qu'à ce stade l'usage des varia-

---

[53] RR § 25.
[54] *ibid*, § 26. Voir aussi Hylton, *Quine*, p. 168 en particulier. La notion d'énoncé catégorique est à peine évoquée dans *W&O*, mais Quine lui a donné de plus en plus d'importance, voir RR ; il s'agit ici des énoncés catégoriques que *FSS* appelle « focalisés » : si quelque chose est un corbeau, *il* est noir.

bles n'est pas encore apparu ; c'est vrai des petites lettres italiques elles-mêmes, mais *en esprit* la variable est déjà là, à l'oeuvre dans le pronom:

« La variable de la construction « tel que », qui est de fait le pronom relatif, est une variable substitutionnelle à son commencement. Les mots « est une chose telle que » sont appris par une transformation équivalente qui est de caractère substitutionnel. Et cette variable, sûrement, est la variable à son stade le plus primitif. C'est une enrégimentation du pronom relatif. Les variables commencent par être substitutionnelles. »[55]

Mais quand on introduit les relatives dans les énoncés catégoriques, « toute chose telle que A est telle que B », ou mieux dans la version en terme de conditionnel quantifié « toute chose x est telle que si x est A, alors x est B », les choses changent. La quantification rend les variables objectuelles : elles cessent d'être des sortes de remplaçants de noms. En effet l'enfant n'a pas appris la forme « pour tout x, si Fx alors Gx » sur des instances où figuraient des noms propres, mais bien sur des exemples comme « un F est un G », « un lapin est un animal ». C'est donc la généralisation de la forme catégorique par admission de subordonnées relatives à la place des termes, qui fait accéder à la quantification objectuelle : c'est à partir de ce moment seulement qu'il devient limpide que les objets dont on parle sont les valeurs des variables quantifiées. Et c'est pourquoi ces deux constructions sont les deux piliers de la référence.[56] Inutile de dire que ce changement d'aiguillage, de la variable substitutionnelle à la variable objectuelle, n'est qu'une description hautement spéculative de l'apprentissage des subordonnées relatives. Mais il ne s'agit, précise Quine, que de comprendre comment les choses pourraient ou auraient pu se passer: une psychogenèse possible (ce qui, soit dit en passant, devrait nous rendre plus tolérant à l'égard des modalités).[57]

Le lexique contient aussi des termes dits *abstraits*, comme « l'humilité » et « vertu », qui se répartissent selon la distinction fondamentale entre singulier et général. Mais dans la mesure où ce sont avant tout les termes singuliers qui importent les objets dans notre schème conceptuel, puisqu'ils *nomment*, les considérations de la section 25 portent essentiellement sur les termes singuliers abstraits. Les termes de masse, puis les adjectifs de couleur, sont porteurs d'une confusion potentielle entre l'idée de substance *composée*

---

[55] RR, § 26.
[56] « Avec les clauses relatives en main, la référence objective est complètement présente », « *Things and their Place in Theories*», p. 8 *in TT*.Il y aura plus à dire sur les variables, voir Chap. V.
[57] RR, § 24.

de parties éparpillées à travers le monde, et celle d'attribut *partagé*. L'enfant inconsciemment, le philosophe consciemment, sont prêts à admettre à côté de « rouge », « le rouge », nom d'une qualité sensible présente en plusieurs places, ou d'une propriété générale.[58] Quine n'est pas très disert, dans *W&O*, sur ce qui peut raisonnablement faire office de ces qualités sensibles. Du point de vue de l'apprentissage, il faut supposer une sensibilité de l'enfant à la *base de ressemblance* d'un mot ou d'une phrase, c'est-à-dire à l'ensemble des « traits distinctifs partagés par les épisodes appropriés » à l'expression en question, sensibilité renforcée par un processus d'essais et d'erreurs.[59] Comme c'est le cas dans toute philosophie empiriste, la *ressemblance* perceptuelle entre traits et aspects des objets tient lieu d'« idées générales ». Il faut ajouter que plus qu'aux *qualia*, Quine s'intéresse au vocabulaire individuatif qui isole des *corps*, i.e. des figures complexes dont les aspects sont relativement solidaires, susceptibles de se détacher de façon saillante sur un fond : l'esprit de la *Gestalt* est passé par là.

Dans le sillage de ces termes singuliers, l'introduction d'objets abstraits se fait d'abord par la bande. Ce sont les termes généraux de tout à l'heure qui reçoivent silencieusement une double fonction : ils s'appliquent toujours aux mêmes objets, mais ils sont censés nommer un nouvel objet, la propriété abstraite que possèdent ces objets : « chaque terme général délivre un singulier abstrait ». C'est déjà, note Quine, un début de clarification que de distinguer « rouge » de « la rougeur », « humain » de « l'humanité ». Ainsi les formes grammaticales reflètent mieux les différences sémantiques : fonction uniquement prédicative des termes généraux, fonction purement nominative des termes singuliers abstraits. Il faut ajouter que la prolifération de l'abstraction va bien au-delà de la position des qualités sensibles, puis des attributs en général : classes, nombres, figures géométriques, etc. A supposer que ces objets trouvent leur origine dans l'erreur et la confusion, ce n'est pas une raison pour les rejeter sans façon : peut-être ont-ils une utilité théorique. Le Chapitre Sept pèsera leurs mérites et leurs défauts, au tribunal non pas de la raison pure, mais de la raison pragmatique.

---

[58] Le rouge *in specie*, disait Husserl.
[59] RR, § 11. Voir aussi les § 5 et 6, consacrés à la ressemblance.

Discussion : Relativité

« Progressivement, on voit l'enfant développer un schéma de comportement verbal qui finalement copie le nôtre trop étroitement pour qu'il y ait du sens à questionner l'identité générale du schème conceptuel. », écrivait Quine vers 1957.[60] Quelques années plus tard, cependant, il trouvera plus que du sens à cette question : ce sera devenu un « point philosophique », la thèse de l'indétermination de la référence « *at home* », celle de notre langue maternelle. Cette thèse n'annule-t-elle pas purement et simplement l'entreprise de ce chapitre, de décrire *notre* appareil conceptuel et référentiel ?

Nous avons jusqu'ici parlé naïvement de « notre langage », en désignant par là un ensemble de phrases prononcées (ou qui pourraient l'être) dans une certaine communauté et de dispositions à les prononcer dans certaines situations, dispositions supposées sous-jacentes au comportement verbal. Ce concept de langage est, selon Quine, behaviouriste donc légitime. Mais nous avons mis un peu plus sous cette expression : l'idée de communauté linguistique présuppose que les mêmes sons sont approximativement porteurs des mêmes sens, ou du moins de la même référence, quand nous écoutons notre voisin parler et quand nous lui parlons en retour. Or cette fois, le serpent du doute a été ramené dans les bagages du linguiste de jungle : et si la traduction radicale avait commencé depuis toujours à domicile ? Nous n'y prêterions pas attention parce qu'elle serait le plus souvent, croyons-nous sans y penser, *homophonique* : mêmes sons, mêmes sens inférés. Mais peut-être n'est-ce que projection, comme avec les hypothèses analytiques, de *mon* appareil conceptuel sur les émissions verbales des locuteurs qui m'entourent. Il arrive d'ailleurs que je m'écarte de la « traduction » strictement homophonique pour mieux donner sens et cohérence à ce que disent mes interlocuteurs, note Quine. Est-ce que réellement je change de *manuel de traduction*, comme le linguiste radical pouvait le faire, quand je m'adapte à l'usage de l'interlocuteur ? C'est une étrange description de ce genre de situation : d'une part parce que cette bonne volonté à l'égard des usages du locuteur n'a rien à voir avec un changement d'appareil référentiel, d'autre part parce que sauf cas d'erreur manifeste sur l'emploi d'un mot à peu près monosémi-

---

[60] « *Speaking of Objects* », in OR.

que (Colette croyant que « presbytère » est le nom de la coquille de l'escargot), les significations ne sont pas si univoquement déterminées que se prêter à l'usage du locuteur soit un changement de manuel de traduction. De l'aveu même de Quine, il n'y a pas de critères stricts d'identité pour les significations : il n'y a donc aucune raison de prendre un ajustement au contexte, aux inflexions ou aux intentions devinées du locuteur, etc., pour un abandon de la « traduction homophonique ». Décrire ce genre de situation comme un changement de règles de traduction est à mon sens incohérent avec ce que nous savons par ailleurs de la polysémie de la signification lexicale, - Quine en un sens tout le premier, quand il note que la compréhension que vise le lexicographe dans sa description du sens n'a nul besoin de la notion de synonymie.[61] Si cette polysémie est inhérente au langage, en jouer n'est pas changer de langage !

Parvenu à ce point, le texte de « *Ontological Relativity* » que je discute est comme pris d'un vertige sceptique : « S'il y a du sens à dire de soi-même qu'on fait référence à des lapins, à des formules, et non à des phases de lapin ou des nombres de Gödel, alors il doit y avoir également du sens à le dire de quelqu'un d'autre. » En vertu de l'indétermination de la référence comprise ontologiquement, et par *Modus Tollens*, non seulement nous ne savons pas à quoi nous-mêmes faisons référence, mais notre langage est comme suspendu en l'air : c'est l'idée même de relations de référence déterminées qui devient dénuée de sens.[62] Pris de scrupule, Quine se demande si cette position n'est pas tout simplement absurde, et résout la difficulté en infléchissant l'indétermination de la référence en « relativité de l'ontologie » : oui, nous pouvons parfaitement et objectivement décrire ces relations de référence, mais ce sera toujours dans un langage « d'arrière-plan » où nous aurons traduit le premier langage, - en pratique notre langue maternelle -, et cette description est évidemment *relative* à ce langage, dont l'ontologie reste, elle, ultimement inscrutable. En pratique seulement ? Doit-on comprendre qu'*en théorie* il y aurait un autre langage qui pourrait servir de langage d'exposition ou « d'arrière-plan » ? Peut-être un langage couché dans la notation canonique ? Mais Quine sait bien que nous expliquons finalement les tournures de cette notation dans le langage ordinaire (voir § 33), et que de plus tout le sens empirique dont le langage est porteur provient de son contact avec la périphérie sensorielle. Notre langue maternelle n'est pas notre système fon-

---

[61] PT, § 23.
[62] « La référence semblerait maintenant être devenue non-sens », écrit Quine *in* OR.

damental de coordonnées simplement *en pratique*. Et c'était de l'appareil référentiel de *ce* langage que nous étions en quête.

J'ai avancé plus haut l'idée que le behaviourisme linguistique de Quine ne faisait pas bon ménage avec le programme génétique. Il me semble qu'on voit ici ses effets dévastateurs se déployer au moment où l'idée de la traduction radicale est importée à domicile. Car enfin, quel peut être le sens de toute l'entreprise de naturalisation de l'épistémologie, si nous ne savons même pas de quoi nous parlons, par exemple avec le concept de « genèse de la référence » ? Ce concept est certainement un concept de notre langage d'arrière-plan, dans lequel nous pouvons, par hypothèse, nous demander comment des stimulations induites par des lapins conduisent à la maîtrise du terme général « lapin », ou à tout autre mot de notre bon vieux langage. Mais l'ontologie ultime de ce langage d'arrière-plan est réputée inscrutable, et le terme « référence » n'a donc aucune référence assignable (mon argument est ici du type « anti-Protagoras »). Pourquoi ne pas admettre au contraire qu'il est le fruit d'une élaboration théorique, tardive certes, comme l'arithmétique ou la théorie des ensembles, mais dont nous pourrions idéalement au moins retracer la genèse à partir des lointaines perceptions originelles ?

Car regardons : on pourrait, nous dit par exemple le § 13 de *Pursuit of Truth*, réinterpréter le nom d'un chat, - « *Tabitha* » disons -, comme ne désignant plus le chat, mais tout le cosmos moins le chat (le « complémentaire » de ce chat), ou comme désignant la classe dont le chat est l'unique élément. Peut-être, mais la possibilité de réinterpréter est une chose, la psychologie de l'apprentissage de l'usage du mot « chat » en est une autre, même en admettant la description qu'en fait Quine. Pour que le mot « chat » soit acquis, il faut qu'il soit entendu de manière répétée dans des situations vécues comme « perceptuellement semblables », en vertu du caractère saillant de quelque élément de la scène. Il en est d'ailleurs de même pour tous les mots appris de manière ostensive: chaque fois que des situations renforcent « rouge », leurs traits de ressemblance sont d'autant plus saillants que les traits sans pertinence varient *ad libitum*.[63] Et ce caractère de saillance est encore plus typiquement celui des *corps*, avec leurs caractères de formes se détachant sur un fond, de solidarité des parties dans le mouvement, de relative continuité, etc.[64] S'il y a un fondement perceptuel de la référence (les « racines de la ré-

---

[63] *RR*, § 11.
[64] Comparer avec, par exemple *Posits and Reality*: «le langage étant un art social, est appris fondamentalement en référence avec des objets intersubjectivement manifestes, et donc ces objets doivent être centraux conceptuellement. » (*in WP*).

ification »), ce que Quine est disposé à admettre dans ses écrits d'inspiration génétique, on voit mal comment l'enfant ou qui que ce soit pourrait corréler le reste du monde moins le corps allongé devant la cheminée, avec le mot « chat ». Quant à l'identification de la référence de « *Tabitha* » avec le singleton du chat en question, elle semble tout à fait psychologiquement exclue en raison du caractère hautement théorique de la notion de classe-unité.[65] De plus, l'empathie qui gouverne tout l'apprentissage exige que le parent ou l'enseignant *perçoive* que l'enfant voie tel ou tel objet qu'il désigne; et on ne peut certainement pas percevoir que quelqu'un *voit* le reste du monde moins le chat, ou sa classe-unité.

Quine invoque la possibilité de réduction ou de réinterprétation de théories à, ou dans d'autres, à l'appui de l'idée de relativité de l'ontologie. Il esquisse aussi dans ce type de contextes une théorie structuraliste des mathématiques.[66] Mais il est douteux qu'il y ait là un réel argument en faveur de l'indétermination de la référence du langage *naturel*, et il s'agit plutôt d'un effet malheureux de la quasi-identification chez Quine des mots « langage » et « théorie » (confusion qui avait étonné Chomsky). Les univers réduits ou identifiés à d'autres sont des univers d'objets abstraits, énoncés, nombres, classes, etc., ou des univers de physique théorique postulés. Et quand bien même on *pourrait* réinterpréter un terme aussi concret que « lapin » par quelque *fonction-ersatz* qui lui associerait une sorte d'objet complémentaire sans bouleverser les valeurs de vérités des phrases, cela ne voudrait pas dire que la référence de ce terme est d'ores et déjà, de fait, flottante et indéterminée. Dans l'argumentaire en faveur de l'indétermination qui met en oeuvre les « *proxy functions* », il y a un glissement du possible au réel, de l'artifice au naturel, qui le prive de toute force.[67]

Dans la peu claire section 22 de *The Roots of Reference*, Quine écrit: « J'ai parlé de traduction d'une langue étrangère juste pour clarifier un point: montrer que la référence comporte plus que la simple capacité à reconnaître une présence. » On peut accorder sans problème ce point à Quine, et même

---

[65] Voir RR § 28 par exemple. Je ne suis même pas sûr que cette alternative, le chat ou le singleton du chat, ait grand sens, puisqu'on peut identifier les deux choses et caractériser les individus par l'identité avec leur classe-unité (voir *STL*).

[66] Voir *PT* § 12 : « Les énoncés vrais, observationnels et théoriques, sont l'alpha et l'omega de l'entreprise scientifique. Ils sont liés par la structure, et les objets y figurent seulement comme des nœuds de la structure. »

[67] Quine a-t-il réellement maintenu sa position « soixante-huitarde » de « *Ontological Relativity* »? La fin du § 20 de *PT* reste bien évasive…

lui rendre hommage d'avoir mis le doigt sur l'idée qu'une phrase exprimant une présence n'est pas encore une description articulée du monde. Mais il est faux de dire que la portée de l'indétermination est « juste » de souligner qu'il y a un aspect d'*artefact* dans la construction de la référence. En fait, la thèse de l'indétermination est si radicale, - j'allais dire hyperbolique -, qu'on ne voit plus du tout d'où pourrait provenir l'appareil référentiel du langage, *a fortiori* de mon idiolecte, sur fond d'une telle absence.

Genèse de la référence, ou indétermination de la référence ? Entre les deux il faut choisir, et je pense que l'œuvre de Quine est ici tiraillée entre des voies de pensée inconciliables. Y a-t-il un effet de l'esprit du temps, un rien de post-modernisme, dans cette thèse de l'indétermination entre nous, comme en et pour moi: *pas de texte, seulement des interprétations*? Je laisse le lecteur en juger.

Chapitre IV : Désordres

Exposition

Que nous puissions parler du monde n'implique pas que nous en parlions toujours clairement. Que l'essentiel de l'appareillage référentiel soit en place n'implique pas, en particulier, que les référents des termes du lexique soient toujours strictement déterminés. Cela vaut aussi bien pour les termes singuliers (où commence exactement l'objet nommé « le Mont Blanc » ?), que pour les termes généraux : « montagne », et même « organisme », que la biologie peut laisser à son vague relatif. A côté du *vague* des frontières du côté des objets, il y a également la pluralité des usages des formes de mots : *l'ambiguïté lexicale* s'échelonne de la pure et simple homonymie, « grue », « lustre », à la polysémie systématique (une roche, mais aussi une question, peuvent être dures). L'ambiguïté peut aussi affecter certaines constructions syntaxiques, - constructions dont il n'a guère été question jusqu'ici dans la description de l'apprentissage linguistique -, notamment quand les relations anaphoriques de pronom à antécédent sont susceptibles de lectures différentes, ce qui justifie la première apparition des variables si l'on veut marquer les renvois de référence.[68] Une autre forme d'ambiguïté tient à l'intervention de phénomènes de *portée* des termes indéfinis relativement aux connecteurs :

Tout ce qui brille n'est pas or,

pouvant être analysé comme voulant dire « il y a des choses qui brillent et ne sont pas en or » (la négation a grande portée), ou, avec un peu de bonne (ou de mauvaise) volonté : « ce qui brille n'est pas de l'or » c'est-à-dire « rien de ce qui brille n'est or » («tout » a alors grande portée). En fait,

---

[68] La question de l'acquisition rapide par l'enfant des règles de la grammaire est quasiment passée sous silence par Quine. La seule section de *W&O* qui y touche, § 3, se contente de parler de « synthèse analogique », puis vaguement d'« animation » mutuelle des phrases. L'effet négatif du behaviourisme est encore clair ici.

l'intérêt essentiel de cette section 29 réside dans la mise à jour de cette notion cruciale de portée. Car c'est cette caractéristique qui distingue fondamentalement les termes indéfinis des termes singuliers véritables, qui ne sont pas affectés par ce phénomène. Une première étape vers l'élimination future de ces termes indéfinis, opérée § 34, consiste à utiliser la tournure « tel que » en tête d'un prédicat pour marquer systématiquement les portées. L'exemple simple proposé à l'instant donnera donc deux analyses explicites des portées relatives :

Ce n'est pas le cas que tout ce qui brille est tel que c'est de l'or ;

Tout ce qui brille est tel que ce n'est pas de l'or.

Ainsi se met en place par touches successives l'esprit de réforme du langage ordinaire.

La brève analyse des conditions de vérité de la prédication la plus simple, un terme général appliqué à un terme singulier défini, montre qu'un tel énoncé est vrai si le prédicat est vrai de l'objet nommé, et ce « de quelque façon qu'on le nomme » : la prédication est un contexte *Shakespearien*, pour reprendre le mot merveilleux de Geach. La substitution de termes co-désignatifs doit donc y être possible *salva veritate*. Mais il y a des occurrences de termes singuliers pour lesquelles une telle substitution n'est pas possible, dont le prototype apparent est la citation entre guillemets d'un mot. Dans tous les cas, aussi variés soient-ils, où la valeur de vérité de la phrase ne dépend pas du tout, ou pas seulement, du référent *habituel* du terme singulier, on parlera de « position non purement référentielle » du terme en question, et de contexte *opaque* pour l'environnement linguistique responsable de ce trouble. Comme la citation est le contexte opaque par excellence, la prédication est le contexte *transparent* typique.

Les sections 30 et 31 parcourent la géographie de l'opacité : à côté de la citation, il y a d'autres contextes, qui eux tolèrent aussi bien une interprétation transparente qu'une interprétation opaque : le discours indirect, les énoncés d'attitudes dites depuis Russell « propositionnelles », les verbes intentionnels comme « chercher ».[69] Comme on peut s'y attendre au vu des

---

[69] On peut s'étonner de l'absence ici des modalités. Mais Quine pensait que la notion de croyance était plus indispensable, et donc plus urgente à clarifier, que les modalités. D'autre part, le registre des modalités est plus philosophique qu'ordinaire.

phénomènes de portée reconnus dans la section précédente, les termes singuliers indéfinis posent un problème particulier. Faut-il comprendre :

Tom croit que quelqu'un a dénoncé Catilina,

comme confinant « quelqu'un » dans la portée du contexte « Tom croit que », ou au contraire comme donnant au terme indéfini plus grande portée, ce qu'on pourrait représenter en utilisant à nouveau le pronom relatif artificiel « tel que »:

Quelqu'un est tel que Tom croit qu'il a dénoncé Catilina ?

Les deux lectures, reconnaît Quine, sont possibles, et il est certain que nous sentons une différence sensible entre les deux, la lecture dite *de dicto*, et la lecture dite *de re* : la seconde semble affirmer une propriété de *quelqu'un en particulier*, d'être l'objet d'une croyance de Tom. La première dit simplement que Tom pense en effet que Catilina a été dénoncé.[70]

Quel est le lien entre ces questions de portée et la notion de position purement référentielle ou non ? Quine a un argument en faveur de l'idée que sous la lecture *de re*, la position de « quelqu'un » est purement référentielle (bien qu'il s'agisse d'un terme indéfini, qui donc ne désigne pas), ou pour le dire moins paradoxalement, que la croyance doit absolument être comprise de manière transparente. Sous la première lecture, *de dicto*, bien qu'on ait le choix entre transparence et opacité, l'interprétation préférée, puis conventionnellement choisie, est l'interprétation opaque. Cet argument vient soutenir la thèse célèbre de Quine : il ne peut y avoir de relation anaphorique « à travers » un contexte opaque ; s'il y a renvoi de référence d'un pronom dans la portée d'un verbe de croyance à un terme indéfini à l'extérieur de ce verbe, alors la lecture transparente de la croyance est obligatoire. Thèse générale qui deviendra, § 35, qu'on ne peut *quantifier* à travers un contexte opaque.[71]

Là où il y a deux lectures possibles, là il est préférable de marquer syntaxiquement leur différence. D'où la proposition de faire de la conjonction « *que* » le marqueur de l'opacité et de distinguer conventionnellement :

---

[70] A l'époque de *W&O*, Quine est disposé à admettre pour la lecture *de re* un sens transparent de la croyance, malgré ses conséquences bizarres, en raison du caractère supposé indispensable des énoncés dits relationnels de croyance. Il reviendra plus tard sur ce point.
[71] Voir aussi « *Quantifiers and Propositional Attitudes* », *in WP*.

> Tom croit que Cicéron a dénoncé Catilina,

où l'occurrence de « Cicéron » est non purement référentielle, prise à l'intérieur d'un contexte opaque, et :

> Tom croit de Cicéron qu'il a dénoncé Catilina,

ou peut-être :

> Cicéron est tel que Tom croit qu'il a dénoncé Catilina,

où l'occurrence de « Cicéron, à l'extérieur du contexte opaque, reste purement référentielle : simples suggestions de réécriture. Les verbes intentionnels peuvent être traités selon le même modèle, comme des verbes d'attitude, moyennant une certaine dose de paraphrase.

Pour des raisons évidentes, tous les phénomènes d'opacité sont décrits comme des mises en échec de *l'extensionnalité*. La section 32 nous laisse cependant face à *deux* problèmes. Le premier est de comprendre quelle est la valeur sémantique d'un terme singulier à l'intérieur d'un contexte opaque, valeur qui interdirait toute relation anaphorique depuis sa position à un terme indéfini en dehors du contexte opaque. Le second est de comprendre la version transparente, ou encore relationnelle, de la croyance et des attitudes en général, et sa relation à la version opaque. Ces deux questions feront l'objet de reprises dans les deux Chapitres suivants de *W&O*, notamment dans les sections 35 et 44.

Discussion : Opacité

Ce que Quine veut dire par l'expression « position non purement référentielle » n'est pas toujours très clair. A la lettre, qu'une position ne soit pas *purement* référentielle n'exclut pas qu'elle soit référentielle *quand même*, et qu'un terme singulier qui l'occupe désigne son référent habituel. Simplement, pour quelque raison à découvrir, un autre élément viendrait s'ajouter, qui bloquerait la substitution *salva veritate* d'un terme ordinairement co-désignatif. Après tout, c'est ce qu'on pourrait inférer de l'exemple de « Giorgone » de la section 32. Mais il semble que malgré ses déclarations de prudence (§ 30), Quine ait tendance à comprendre les contextes opaques comme *coupant court* purement et simplement au caractère référentiel des termes qui figurent à l'intérieur de ces contextes. Faire de la citation le contexte « référentiellement opaque par excellence » et le paradigme de l'opacité, l'a certainement poussé dans cette voie.[72]

Mais prétendre qu'en formant avec les guillemets de citation le nom d'une expression, on obtient toujours une sorte de peinture hiéroglyphique de cette expression, où l'occurrence de cette expression n'est qu'un « accident orthographique », - où l'occurrence de cette expression n'a pas plus de réalité que celle de « chat » dans le mot « achat » -, tout cela est une analyse biaisée de la citation ordinaire. Ici se font déjà jour les effets d'une certaine confusion sur le statut des remarques de ce chapitre : descriptions factuelles de traits du langage naturel, ou déjà embryons de mise en ordre et de clarification ? La convention qui veut qu'on puisse fabriquer avec les guillemets un instrument pour désigner l'expression, et elle seule, qui figure entre les guillemets est une chose, l'usage ordinaire des guillemets en est une autre (sans doute faudrait-il parler *des* usages). Il y a des usages *mixtes*, où l'expression entre guillemets est à la fois utilisée avec sa référence, et mentionnée pour diverses raisons (réserve ou clin d'œil) :

---

[72] Voir « *Three Grades of Modal Involvement* », *in WP* ; voir aussi § 30 : « La citation, **qui interrompt la force référentielle** d'un terme …».[c'est moi qui souligne].C'est ainsi que Dennett l'a compris: « La non relationnalité est l'essence du concept Quinien d'opacité référentielle », écrit ce dernier dans *The Intentional Stance* (Dennet, 1987).

> « l'impérialisme américain » est au bord de la récession,

> la « rupture » a été massivement approuvée par les Français.[73]

Il est clair que dans ce type d'exemples, on peut parler de non transparence au sens où la substituabilité des co-référentiels n'est pas assurée, mais pas d'opacité au sens où la force référentielle serait suspendue. La non substituabilité n'est pas une condition suffisante de l'opacité référentielle, si par « opacité » on entend celle de la citation au sens où Quine la comprend. Ce genre de situation n'est d'ailleurs pas limité à la citation mixte: il y a de nombreux cas où la substitution de termes co-référentiels n'est pas possible, alors même que le terme singulier qui figure dans la phrase est pleinement référentiel. Que dirait-on d'un manuel d'histoire qui sous prétexte que Napoléon et Bonaparte sont une seule et même personne, écrirait:

> Napoléon se distingua au siège de Toulon,

ou, pour prendre un exemple attesté, que deviendrait le vers de Hugo:

> Déjà Napoléon perçait sous Bonaparte,

sous la substitution d'un nom à l'autre?[74] Il est plus que douteux que la substituabilité soit, comme le prétend Quine, un *critère* de la référentialité.

Il est vrai qu'un peu plus loin (§ 31), Quine précise qu'il « n'envisage pas de changement de référence sous les constructions opaques », ce qui irait dans le sens de ces remarques. Mais je crois qu'il s'agit surtout ici de se démarquer du traitement *à la Frege* ou *à la Church*, consistant à rétablir la substituabilité des identiques moyennant l'appel à un changement de référence. Quoi qu'il en soit, l'analyse de la valeur sémantique exacte des termes singuliers plongés dans un contexte opaque n'est pas entièrement claire: sans doute n'était-ce pas pour Quine un problème jugé urgent ou essentiel, une fois notés les caprices de la substitution.

---

[73] Voir Recanati, *Oratio obliqua, oratio recta*, chap. 10, l'analyse de la mention autonyme.
[74] Les villes qui ont changé de nom offrent de nombreux exemples: Gödel est né à Brno, l'ancienne Brünn austro-hongroise...Voir par exemple Jennifer Saul, *Simple Sentences, Substitution, and Intuitions*.

Les expressions devenues aujourd'hui familières : « sens transparent de la croyance », « sens opaque de la croyance », ne doivent pas induire en erreur. Il ne s'agit pas, en principe du moins, d'analyses psychologiques concernant différentes façons de croire ceci ou cela ou de penser à une personne, bien que la philosophie de l'esprit ait emprunté beaucoup aux distinctions de Quine par la suite. Il s'agit d'abord de *sémantique* des énoncés de croyance, c'est-à-dire des énoncés dans lesquels nous attribuons des croyances aux autres, sur la base de leur comportement verbal et non verbal. La valeur épistémologique de ces énoncés est un autre problème : dans quelle mesure décrivent-ils fidèlement les états mentaux des sujets auxquels on attribue telle pensée, ou ne sont-ils qu'une projection de nos interprétations (voir § 45) ? Le problème sémantique, lui, est d'identifier les effets variés de certains contextes, selon que l'attribution de croyance est faite *de dicto* ou *de re*, sur certaines positions enchâssées dans ces contextes, à supposer que le caractère non scientifique, mais « dramatique » du langage des attitudes propositionnelles, ne rende pas futile, sinon obsolète, ce problème d'analyse sémantique.

Mais est-ce simplement une affaire de position ? La même phrase, « Tom croit que Cicéron a dénoncé Catilina », peut être comprise, on l'a vu, de deux façons différentes, selon l'interprétation opaque, et selon l'interprétation transparente de la croyance. On devrait en conclure, semble-t-il, que *la même position* dans la phrase, celle qu'occupe « Cicéron », peut être comprise aussi bien comme position non purement référentielle, que comme position purement référentielle.[75] Donc, a-t-on envie de poursuivre, ce n'est pas une question de position, - la position, en un sens purement syntaxique, est neutre -, mais bien d'interprétation. Et on appuierait cette conclusion en faisant remarquer que la citation, précisément parce qu'elle crée, elle, une *position* non purement référentielle, voire pas du tout référentielle, n'est pas matière à plusieurs interprétations. Il y a un problème préjudiciel à résoudre avant de discuter la nature de telle ou telle position.

La difficulté est peut-être plus manifeste encore quand il s'agit des termes singuliers *indéfinis*. En vertu des problèmes d'ambiguïté de portée que

---

[75] § 30, p. 145 : « 'Cicéron' a une occurrence purement référentielle [dans la phrase] ou non selon que 'croit' est pris de manière transparente ou non. » Remarquer ici le glissement de « position » à « occurrence » : Quine ne pouvait pas dire que la position dépendait de l'interprétation ! D. Kaplan a insisté sur ce glissement dans sa critique de la thèse de Quine, in « *Opacity* » (*Schilpp*, p. 235).

peuvent poser ces termes (§ 29), il n'y a guère de sens à demander quelle est la nature de la position occupée par « quelqu'un » dans :

> Tom croit que quelqu'un a dénoncé Catilina,

avant d'avoir résolu la question des portées relatives du verbe « croire » et du terme indéfini. Tant que l'ambiguïté n'a pas été résolue, « nous restons tout à fait libres de prendre la position de « quelqu'un » comme référentielle ou non comme il nous plaît », reconnaît Quine à juste titre. Autrement dit, la position syntaxique de « quelqu'un » comme sujet de « a dénoncé Catilina » dans cette phrase est une chose, la nature ou la valeur sémantique de cette position en est une autre, qui ne peut être discutée avant d'avoir désambiguïsé la phrase.

Quine a reconnu ce point, bien qu'il soit plus clairement exposé dans « *Quantifiers and Propositional Attitudes* » que dans *W&O*. On doit ainsi distinguer plusieurs verbes « croire », dont notamment un verbe relationnel binaire, « x croit$_1$ y », à l'œuvre dans :

> Tom croit$_1$ que Cicéron a dénoncé Catilina,

et un verbe relationnel ternaire, « x croit$_2$ y de z », utilisé dans la formulation légèrement réformée :

> Tom croit$_2$ qu'il a dénoncé Catilina de Cicéron.[76]

L'ambiguïté lexicale du verbe « croire » étant dissipée, on peut revenir sur la question des positions des termes singuliers. Le contexte « Tom croit$_1$ », parce qu'il ne tolère pas (en fait, il arrive qu'il la tolère! disons qu'il ne la légitime pas comme une inférence valide en toute généralité), la substitution de « Marcus Tullius » à « Cicéron », est réputé opaque au sens fort, où il n'exprimerait aucune relation entre Tom et Cicéron. Faut-il en conclure que cette occurrence de « Cicéron », non seulement n'est pas purement référentielle, mais plus fortement n'est pas référentielle du tout ? Comme plus haut avec la citation, il semble que ce soit vers cette interprétation que s'oriente Quine. Mais elle est difficilement soutenable, comme le montrent les anaphores possibles :

---

[76] Ne nous demandons pas pour l'instant quelles sont les valeurs possibles de la variable y; différentes réponses à cette question seront examinées § 35 puis 44.

> Tom espérait que Cicéron allait dénoncer Catilina; et en effet c'est ce qu'il a osé faire.[77]
>
> Saddam Hussein pensait que son armée se battrait, mais elle l'a abandonné.
>
> Son armée a abandonné Saddam Hussein, alors qu'il pensait qu'elle le défendrait.
>
> Il croit qu'il pourra écrire ce livre.

Je suggère que l'éventuelle impossibilité d'opérer les substitutions attendues ne tient pas au caractère non référentiel d'une position dans un contexte (la co-référence montre que les termes singuliers dans ces exemples sont référentiels), mais à la sensibilité des attitudes à certains traits des noms propres et des descriptions qui figurent dans ces contextes, ou aux idées et images mentales associées, différemment pour différents individus, à ces expressions.[78] Quant aux pronoms qui occupent le même genre de position, ils peuvent sans dommage être co-référentiels avec un terme singulier en dehors du contexte réputé opaque : le problème ne vient donc pas de la position, mais du *genre de terme singulier* qui y figure.[79] Cela n'est évidemment pas le commencement d'une théorie de la croyance (!), mais suffit à faire lever un doute au sujet de la conclusion de Quine : puisque la croyance$_1$ est opaque, on ne peut remplacer « Cicéron » par une variable, et généraliser sur cette variable (§ 35) pour obtenir quelque chose comme :

> Il existe (un objet) x tel que Tom croit$_1$ que x a dénoncé Catilina.

Le style opaque d'attribution de croyance selon croit$_1$, est censé n'attribuer aucune relation à Cicéron de la part de Tom (ce qui mènera Quine, au chapitre suivant, à enclore « Cicéron » dans un contexte où il ne figure pas réellement). Mais si le sujet de la croyance n'a vraiment aucune relation avec Cicéron, ou du moins si celui qui lui prête cette croyance pense

---

[77] Un exemple de Davidson en faveur du principe de « l'innocence sémantique » était, je crois (malheureusement il m'a été impossible de retrouver la référence): Galilée a dit que la Terre est immobile ; et pourtant *elle* tourne.

[78] Dennett parle à ce propos de "référentialité impure".

[79] Je rejoins sur ce point la position de Kaplan dans « *Opacity* »; la position des propositions singulières est une autre affaire.

qu'il n'a aucun rapport avec Cicéron, pourquoi présenter cette croyance à travers une phrase où il est si visiblement question de Cicéron? Pourquoi présenter les choses ainsi? Pourquoi ne pas se contenter d'une affirmation de croyance générale, du style: « Tom croit qu'on a dénoncé Catilina »? Et comme « Catilina » est sujet aux mêmes remarques, pourquoi pas simplement « Tom croit qu'il y au dénonciation »? L'opacité, prise à la lettre, conduit inévitablement à renoncer à toute analyse: pente sur laquelle Quine se retrouvera à la fin de la section 44.

Mais il faut à présent attaquer le problème par l'autre bout, et regarder l'argument de Quine par lequel il croit pouvoir prouver que :

Quelqu'un est tel que Tom croit qu'il a dénoncé Catilina,

doit absolument être compris comme transparent et (très provisoirement) rendu par :

Quelqu'un est tel que Tom croit$_2$ qu'il a dénoncé Catilina de ce quelqu'un.

ou en utilisant la quantification, plus clairement mais non moins provisoirement :

$\exists y$ (Tom croit x[x a dénoncé Catilina] de y).[80]

L'argument de Quine tient en deux mots : quelle est la personne dont Tom croit qu'elle a dénoncé Catilina ? Réponse : Cicéron, *c'est-à-dire* Marcus Tullius. La substitution est possible, donc la position de « quelqu'un » est référentielle. La « leçon », elle, va plus loin encore : « il ne doit pas y avoir » de renvoi de référence de l'intérieur vers l'extérieur d'une construction opaque.[81]

Mais la substitution est-elle vraiment possible ? L'argument de Quine est en fait annulé à la page suivante par la remarque qui si nous l'admettons, nous sommes contraints d'affirmer à la fois que de Cicéron, c'est-à-dire de Marcus Tullius, Tom croit qu'il a dénoncé Catilina, et, du moins en cas de

---

[80] L'expression « x[x a dénoncé Catilina] » exprime l'abstraction d'une propriété, voir le chapitre suivant.
[81] Richard Montague trouvait l'argument non concluant, le contexte "dont Tom croit" rendant la substitution suspecte selon les critères mêmes de Quine.

dénégations durables de la part de Tom, que de Marcus Tullius, Tom croit qu'il n'a pas dénoncé Catilina (ou mieux peut-être, que Tom ne croit pas de Marcus Tullius qu'il a dénoncé Catilina). A défaut de franche contradiction, telle est la « bizarrerie » du sens transparent, et c'est le prix à payer pour l'admettre. Mais c'est tout simplement reconnaître que la substituabilité est incertaine, et l'argument en faveur de la référentialité de la position de « quelqu'un » tombe du même coup. Curieusement d'ailleurs, le même genre de quasi-contradiction, cette fois à propos d'un espion, était invoqué dans « *Quantifiers and Propositional Attitudes* », mais en faveur du choix de l'interprétation opaque de la croyance.

Quine a été à juste titre sensible à la différence entre (pour rester dans le registre des affaires d'espionnage) des énoncés formulés dans le style des deux suivants :

L'Ambassadeur anglais à Ankara croit qu'il y a des espions à l'ambassade,

Il y a quelqu'un dont l'Ambassadeur anglais à Ankara croit qu'il est un espion.[82]

Il est possible que le deuxième énoncé soit pleinement justifié par le fait que l'Ambassadeur croit précisément que l'homme qu'il a vu de dos s'enfuir en sautant par dessus la grille soit un espion (croyance *de re* fondée sur une perception récente), à un moment où le même Ambassadeur ne croit pas encore, de son valet de chambre Elyesa Bazna, qu'il soit un espion, malgré l'identité des deux individus: non substituabilité malgré le caractère *de re*. Mais en outre, quand Quine pose une question du genre : « qui est cet individu dont l'Ambassadeur croit … ? », et répond (comme il peut le faire encore ici) « Cicéron », il fait apparemment dire à la quantification existentielle beaucoup plus qu'elle ne dit. Même s'il se trouve que dans la réalité, *ce quelqu'un*, comme on dit, est Cicéron, l'énoncé ne dit rien de tel, et on peut parfaitement l'affirmer pour de bonnes raisons sans avoir la moindre idée de l'identité de l'individu soupçonné (l'Ambassadeur est visiblement devenu soudainement très méfiant). L'argument de Quine repose sur ce qu'on pourrait appeler *le paralogisme de la dénotation*, en souvenir du premier Russell :

---

[82] Allusion à un autre Cicéron, celui de "l'affaire Cicéron"…

l'intuition qu'en disant « j'ai rencontré un homme », je parle *au sujet de* l'homme que je viens de rencontrer dans la rue.[83]

Paralogisme, ou sensibilité lointaine à l'usage des termes indéfinis comme « un », « quelqu'un » en langage naturel ? Quine avait antérieurement remarqué qu'un indéfini peut servir d'antécédent à un pronom anaphorique, tout en notant qu'« un tel usage d'un terme singulier défini dépendant d'un antécédent indéfini s'écarte des usages des termes singuliers définis considérés dans les pages précédentes ».[84] Il est vrai qu'il ne s'est pas attardé sur ce point. Or il est vraisemblable que bien des occurrences ordinaires de « quelqu'un » ont une valeur nominale, pas seulement au sens où cette expression peut être rangée dans la catégorie des syntagmes nominaux (NP), mais au sens où elles remplacent un nom que pour diverses raisons on ne prend pas la peine d'utiliser, ou qu'on préfère taire, ou qu'on ignore. C'est peut-être ce genre d'intuition latente qui conduit Quine à passer de « quelqu'un » à « Cicéron », cette fois savoir historique aidant. Si tel était le cas, cela expliquerait la force *persuasive* de l'argument. Mais cela ne justifie nullement la conclusion tirée, selon laquelle la quantification existentielle (celle de la notation canonique, qui sera introduite dans le chapitre suivant) exige pour être sensée la lecture transparente de la croyance. Une quantification existentielle, objectuellement comprise, et dont le domaine de valeurs est constitué des individus ordinaires, peut être vraie alors même que ni celui qui est dit croire, ni celui qui impute la croyance, n'a à sa disposition le moindre nom pour désigner l'objet en question dans la croyance; *a fortiori*, il n'y a pas de raison pour que tout autre nom du même objet fasse l'affaire.

Quine sait cela, évidemment, mieux que personne. Il est donc possible qu'il soit guidé, dans *W&O* du moins, par l'idée sous-jacente que *dans le cas particulier de la croyance*, la condition de vérité de « quelqu'un est tel que Tom croit de lui ... » est que Tom possède un nom (ou une description remarquable) de ce quelqu'un. Ce qui expliquerait le passage surprenant de « qui est cette personne? » à la réponse: c'est Cicéron! Naturellement, cela ne rend pas l'argument plus convaincant, car de quelque manière la transparence est présupposée. Mais il est plausible que ce soit là le ressort secret de l'argument, puisque c'est précisément l'idée que Quine rejettera en abandonnant l'interprétation *de re*. On ne peut donner une forme précise à cette idée, reconnaîtra Quine, et la possession d'une désignation pertinente est

---

[83] Voir Russell, *Principles of Mathematics*, § 56.
[84] § 23.

une notion irrémédiablement vague: tout dépend de la description, du nom, et surtout du contexte particulier de l'attribution, sans qu'on puisse établir de loi générale. Quine en conclura que la quantification *de re* n'a finalement pas de conditions de vérité déterminées.[85] Ce qui la reléguera dans le domaine du discours pratiquement utile, mais théoriquement inintéressant.

Il est en fait plutôt malaisé d'apprécier la portée exacte de ces sections 30 et 31. Elles ont pour une part un aspect simplement descriptif : avec les attitudes propositionnelles, on a affaire à des contextes où l'on peut dire que la substituabilité des co-désignatifs est *à géométrie variable*. Ce point est clair, et Quine le maintiendra, en accentuant même l'idée de dépendance à l'égard du contexte global du discours, ou de la situation dans laquelle les locuteurs se trouvent. Mais la recherche de critères généraux n'est pas non plus absente à l'époque de *W&O*, d'où la tentative d'enrégimenter cette variabilité sous forme d'oppositions tranchées : positions référentielles/non référentielles, contextes transparents/opaques. Jusqu'ici nous restons à peu près dans le cadre de ce chapitre, les « Caprices de la référence » dans le langage ordinaire. Là-dessus se greffe un autre problème, qui touche plutôt au partage du sens et du non sens : ce que « *Quantifiers and Propositional Attitudes* » appelait le « problème technique de la quantification à travers » les attitudes propositionnelles (dont l'urgence provient pour une part de la critique à venir de la logique modale). Dans l'article cité à l'instant, il était doublement résolu : négativement, par la thèse « pas de quantification à travers un contexte opaque », positivement, par un principe supposé valide « d'exportation », qui permettrait de passer de :

Tom croit que Cicéron a dénoncé Catilina,

en *exportant* « Cicéron » à l'extérieur de l'opacité, à:

Tom croit qu'il a dénoncé Catilina de Cicéron,

---

[85] Voir *FSS*, Chap. VIII. L'idée que rejette Quine, c'est qu'on puisse déterminer des "noms vivaces" (Kaplan) ou spécifier ce qu'est savoir qui est quelqu'un (Hintikka) de manière à déterminer les conditions auxquelles il y aurait du sens à attribuer une croyance *de re*. Que n'importe quelle description ne suffise pas, l'exemple de la description "le plus petit espion" de Sleigh en a convaincu Quine : on ne peut conclure de «X croit que le plus petit espion est un espion » au fait que du plus petit espion X croit qu'il est un espion. D'un autre côté, la tentative de distinguer des désignations qui justifieraient cette exportation est vouée à l'échec.

puis finalement, par généralisation existentielle à travers un contexte transparent, à :

$$\exists y \, (\text{Tom croit } x[x \text{ a dénoncé Catilina}] \text{ de } y).$$

A ma connaissance, ce principe d'exportation, que Quine répudiera comme invalide sous le coup de l'objection de Sleigh en particulier, n'est pas mentionné dans *W&O*, si bien que la question de la relation entre les deux interprétations de la croyance, et par anticipation entre les divers prédicats de croyance, « x croit$_1$ y », « x croit$_2$ y de z », etc., reste ouverte : par exemple, de quel type sont les seconds arguments possibles de ces prédicats ?[86] Quels liens ces prédicats ont entre eux, s'ils ne sont pas purement homonymes ?

Avec le principe d'exportation, Quine abandonnera également l'effort pour donner sens à l'interprétation *de re* et à la quantification à travers les attitudes. C'est pourquoi ces sections ne représentent pas la position théorique définitive de Quine sur la croyance. Et même en se bornant à *W&O*, elles ne représentent pas le dernier mot de Quine sur la question. Dans ces pages commence à apparaître, en fait, ce qui deviendra une démarche typique de la suite de l'ouvrage : imaginer des solutions possibles à un problème, les éprouver successivement, montrer qu'elles sont illusoires ou coûteuses, et pour finir sinon dissoudre le problème, du moins le résoudre *a minima*.

---

[86] C'est peut-être à cette absence de réponse que fait allusion la phrase du § 31: « ce qu'on recherche n'est pas une doctrine de la transparence ou de l'opacité de la croyance… ». Le principe d'exportation est répudié dans « *Intensions revisited* » (*in TT*), la recherche de conditions déterminées auxquelles il devrait être soumis (Kaplan, Hintikka) étant jugée par Quine (avec raison à mon sens) illusoire.

Chapitre V : Réformes

Exposition :

Comme le notera la section 40, ce chapitre ne taille pas encore dans l'ontologie : il ne s'agit que de syntaxe à uniformiser et enrégimenter. Non seulement les engagements référentiels y gagneront en clarté, mais la théorie logique à venir, i.e. l'appareil déductif destiné à formaliser les inférences, en sera grandement simplifié : mieux vaut un petit nombre de règles applicables à quelques constructions régulières, qu'autant de règles d'inférences qu'il y a de caprices grammaticaux (*regulae non sunt multiplicandae*...).[87] D'où le nom de cette syntaxe réduite à quelques constructions primitives : la « notation artificielle de la logique ». Comme la logique elle-même, elle aura valeur d'une sorte de schématisme général applicable à des langages et à des théories particulières : schématisation notationnelle, et schématisation inférentielle vont de pair. Qu'elle soit artificielle ne veut pas dire seulement que ses symboles ont été inventés pas des logiciens ! Plus profondément, l'idée qu'une telle notation révèlerait la *vraie forme logique* sous-jacente à nos constructions linguistiques est abandonnée comme un mythe. Non pas que la logique soit particulièrement arbitraire ou conventionnelle : elle ne l'est ni plus ni moins que la physique, du moins selon certains écrits de Quine ! La physique nous dit à quoi ressemble la réalité ? Oui, quand nous regardons la réalité de l'intérieur de la physique ; si nous regardons un instant du dehors, la physique est sous-déterminée (revoir § 6). La notation logique vaut également surtout par ses mérites: simplicité, extensionnalité, utilité.

Les termes singuliers, indéfinis et définis, qui avaient joué un si grand rôle dans l'appareil référentiel ordinaire (Chap. Trois) sont d'une manière ou d'une autre éliminés moyennant l'usage des variables, déjà introduites au § 28 pour clarifier les renvois anaphoriques, et d'*opérateurs* liant ces variables. Les termes indéfinis, qui étaient construits avec un déterminant suivi d'un

---

[87] Il n'est pas beaucoup question de logique dans *W&O* ; la discussion du chapitre suivant sera l'occasion d'en dire un mot.

terme général, sont si l'on peut dire *cassés* : le terme général est renvoyé en position de prédicat, et le déterminant remplacé par un quantificateur qui a « absorbé » (§ 36) la tournure *tel que* : « tout x est tel que ... », « il existe x tel que ... ». Noter que Quine ne s'interroge pas sur l'adéquation de la réduction des termes indéfinis aux quantificateurs usuels: pas seulement parce que nous sommes désormais dans une perspective de réforme, mais surtout parce que dès le Chapitre Trois, les termes indéfinis ont été compris comme contenant les « pures affirmations d'existence ».[88] Noter aussi que malgré l'hommage rendu en passant à Frege, Quine construit syncatégorématiquement les quantificateurs, au sens où ils n'ont pas de signification complète isolément ; les tournures par lesquelles on les explique fixent simplement les conditions de vérité des phrases où ils figurent. Il n'est question ni d'un concept de deuxième niveau, ni d'une collection d'ensembles (au sens où « tout homme » désignerait la collection des propriétés que tous les hommes possèdent) que désignerait un quantificateur : une théorie qui utiliserait une notion d'ensemble pour analyser les constantes logiques serait certainement pour Quine une théorie qui marche sur la tête.[89]

Parmi les termes définis, figurent outre les descriptions les noms de classes, comme « le genre humain » (ou « les hommes » dans un contexte comme « les hommes sont nombreux »), qui avaient à peine été évoqués section 25, et les noms d'attributs. Ces différentes expressions vont être provisoirement conservées, sous la forme régulière d'opérateurs attachés à des énoncés ouverts, i.e. contenant au moins une variable libre, pour former des termes singuliers (F représentant un prédicat quelconque) :

$(\iota x)\ Fx$:	l'objet x tel que Fx ;
$\hat{x}\ (Fx)$:	la classe des objets x tels que Fx ;
$x\ [Fx]$:	la propriété d'être un objet x tel que Fx.[90]

---

[88] Voir au contraire les remarques de Ruth Barcan Marcus: "La sémantique standard opère une inflation du sens des énoncés qu'elle paraphrase, ceux par exemple qui n'avaient pas originellement la portée existentielle qu'elle leur donne."; *Quantification and Ontology*, in *Modalities*.
[89] Selon la théorie dite des « quantificateurs généralisés », « tout homme est intelligent » dit que la propriété d'être intelligent appartient à l'ensemble des propriétés (ensembles) P telles que si x est un homme, x possède P.
[90] On ne confondra pas cette abstraction intensionnelle avec la notion d'abstraction fonctionnelle, qui permet de passer de la notation pour une valeur indéterminée de la fonction, par exemple : x^2 à un terme désignant la fonction carré elle-même : $\lambda x.x^2$. Outre qu'on a affaire à une notion plus générale de fonction que les « fonctions propositionnelles », les fonctions ainsi abstraites sont en général conçues de manière extensionnelle (Quine ne parle

Introduire des notations maniables n'est pas introduire des *designata* pour ces expressions. Pas plus que la notation pour l'abstraction d'attributs, la notation pour l'abstraction de classe ne préjuge de l'admission de classes dans l'univers du discours ; comme on le verra plus loin, on peut faire un bout de chemin en théorie des ensembles en utilisant les « abstracts » de classe sans du tout réifier les classes : il ne s'agit alors que de classes « virtuelles ». Mais si l'on pense que ces notations désignent, alors la différence entre les entités désignées n'est pas dans le degré d'abstraction. Elle réside seulement dans le fait que les classes sont, pour ainsi dire *ex definitione*, des *extensions*, alors que les propriétés (ou attributs) peuvent être vraies des mêmes objets sans être identiques : c'est pourquoi Quine parle d'abstraction *intensionnelle* à propos de la dernière notation. Enfin, selon une généralisation naturelle, on utilisera le même genre de crochet pour l'abstraction propositionnelle, qui fabrique à partir d'un énoncé une sorte de nom de proposition : « [Socrate est mortel] » est ainsi censé désigner la proposition exprimée par la phrase « Socrate est mortel ».

Comme on l'a anticipé au Chapitre précédent, la distinction entre croyances *de dicto* et *de re*, ainsi que l'idée que la croyance *de re* doit être prise de manière transparente, s'étendent aux notations avec variables quantifiées. De telles variables remplaçant les termes indéfinis, ce qui valait pour ceux-ci vaut immédiatement pour celles-là, d'où derechef la thèse : pas de quantification à travers une construction opaque! Les notations nouvellement introduites pour l'abstraction suggèrent la possibilité de préciser la nature des arguments des prédicats de croyance d'arité différentes auxquels il a été fait allusion :

Tom croit$_1$ que Cicéron a dénoncé Catilina,

sera représenté comme exprimant une relation entre Tom et une proposition :

Tom croit$_1$ [Cicéron a dénoncé Catilina] ;

Mais :

Tom croit$_2$ qu'il a dénoncé Catilina de Cicéron

---

pas de « fonctions propositionnelles », mais ses prédicats jouent en partie le rôle de ce que Russell avait appelé ainsi).

sera interprété comme exprimant une relation ternaire entre Tom, Cicéron, et un attribut :

Tom croit$_2$ $x[x$ a dénoncé Catilina] de Cicéron,

d'où l'on peut cette fois inférer par généralisation existentielle :

$\exists y$ (Tom croit $x[x$ a dénoncé Catilina] de y).

Mais cette « manœuvre » n'est pas cette fois qu'une question de notation. C'est une suggestion théorique, selon laquelle les accrocs à l'extensionnalité ne proviendraient pas positivement des verbes (devenus des prédicats ordinaires) « croire$_1$ », « croire$_2$ », etc. », mais seraient dus à la présence des intensions à titre d'objets des attitudes. La notation ne fait que clarifier la source de l'opacité, selon que les termes singuliers, noms propres ou variables, figurent à l'intérieur ou à l'extérieur des crochets d'abstraction intensionnelle.[91]

Mais elle ne fait guère plus. En particulier, elle ne dit rien sur la valeur des différentes expressions composantes de ce qui figure entre crochet : « [Cicéron a dénoncé Catilina] » est censé désigner une proposition, mais nous n'avons pas la moindre idée du rôle sémantique de l'occurrence de « Cicéron » à l'intérieur des crochets. Il n'est même pas sûr que « Cicéron » ait une occurrence réelle, autre qu'un simple accident orthographique, dans ce genre de contexte : l'abstraction intensionnelle aurait-elle un privilège sur la mise entre guillemets ? Il est vrai que Quine s'autorise à remplacer un terme singulier par un autre dans un contexte d'abstraction (l'échec de la substitution montrant justement que le contexte est opaque), comme si la réalité de leurs occurrences allait sans dire. Mais il est peut-être vain de chercher une cohérence totale dans cette brève suggestion d'appel à des intensions, puisque de toute façon ce chemin sera ultérieurement abandonné.[92]

---

[91] Noter que l'abstraction intensionnelle est chargée de deux péchés : non seulement les critères d'identité des intensions sont irrémédiablement incertains, mais en outre les intensions sont opaques. Voir l'Introduction à *STL* : « Dans ce que j'appelle l'opacité référentielle, il y a une raison supplémentaire de se plaindre de la notion d'attribut ».

[92] L'analyse de Church était plus cohérente, qui plaçait aussi le mot « Cicéron » entre crochets quand il figure dans le nom d'une proposition ; « [Cicéron] », qui désigne ce que Church appelait un concept d'individu, n'est évidemment pas le même mot que « Cicéron », et dans

Pour en finir avec les constructions de la grammaire, les indications temporelles dont les verbes sont porteurs dans le langage ordinaire sont éliminées, au profit de la forme du présent sans valeur temporelle, d'indicateurs de position sur l'axe du temps, et de prédicats comme « le (moment) t est avant (le moment) u ». L'indexical « maintenant » est provisoirement admis à titre d'indicateur subjectif d'un moment temporel particulier, mais quand il s'agira de théorie du monde (et non plus seulement de langage), il faudra y renoncer dans un souci d'impartialité et d'objectivité (§ 47). Certaines constructions grammaticales de prédicats complexes peuvent être représentées (la construction : nom commun + adjectif, par la conjonction de deux énoncés ouverts par exemple), mais il faudra admettre dans le lexique des prédicats composés inanalysés et inanalysables : lesquels, et combien ? C'est une question qui touche à la construction des théories (voir encore § 47), non plus aux formes syntaxiques admises.

Et les termes singuliers ? Faut-il admettre aussi des termes singuliers primitifs, ceux qui sont suffisamment simples pour qu'on pense à eux comme à des *noms* (propres) ? Non, mais contrairement à ce qu'on dit parfois,[93] il ne s'agit pas exactement d'une élimination: Quine en *modifie* l'analyse en terme de catégorie grammaticale. Ou plus précisément, il semble proposer deux modifications légèrement différentes.

Dans les deux cas, un énoncé singulier de la forme « Fa », où la constante « a » représente un nom propre, est paraphrasé en :

$$\exists x \, (x = a \text{ et } Fx),$$

de sorte que les noms propres (du moins en leurs occurrences référentielles) sont confinés dans un contexte de la forme « $= a$ ». Mais à partir de là les deux lectures divergent. Selon la première, la plus éliminative, l'expression « $= a$ » est un prédicat « à prendre comme un tout », donc non structuré, et le nom propre n'a pas d'occurrence réelle, syntaxiquement pertinente, dans

---

« Tom croit que Cicéron a dénoncé Catilina », bien compris, le nom « Cicéron » ne figure donc pas. Quine a bien raison de parler de la « légèreté » avec laquelle il touche aux intensions !
[93] Même P. Hylton n'est pas entièrement clair sur ce point, voir son *Quine* p. 284-286.

le prédicat.⁹⁴ Mais aussitôt, Quine propose à son lecteur de voir les choses autrement. La même expression « = *a* » est à présent syntaxiquement complexe ; « = » est ici le « est » de la prédication, la copule qui répond à des contraintes purement grammaticales, et « *a* », l'ancien nom propre, est *re-catégorisé* comme un terme général, quoique vrai d'un seul objet. Dans ce cas, le mot « *a* » figure réellement dans l'expression, il a simplement changé de catégorie. Vu la formulation de Quine, qui parle régulièrement de « *reparsing* » (*ré-analyse*) des noms propres, il semble que ce soit cette seconde lecture qui soit la bonne. Elle présente aussi l'avantage suivant : le cas des noms propres désignant effectivement un objet, et le cas des noms propres vides (ne désignant rien), apparaissent tous deux comme des cas particuliers d'une possibilité toujours ouverte pour les termes généraux : être vrais d'un unique objet, ou bien encore n'être vrais d'aucun objet (revoir le § 20). « Socrate » est ainsi vrai d'un seul objet (homonymie mise à part), « Pégase » n'est vrai d'aucun objet.

Même si Quine ne choisit pas expressément entre les deux versions, la seconde est certainement préférable.⁹⁵ Faisant de « = *a* » une expression composée (copule + terme général), elle résiste à l'une des tendances marquées de la mise en forme canonique : le renoncement à l'analyse d'expressions apparemment complexes, quand les moyens expressifs disponibles ne permettent pas de représenter ces constructions. Modifications adverbiales, adjectifs syncatégorématiques, prédicats dispositionnels (« se nourrir de souris »), abstractions intensionnelles : « la structure interne de ces composés récalcitrants, relativement à la notation canonique, n'est tout simplement pas de la structure. »⁹⁶ C'est le prix à payer pour faire rentrer de force le langage dans le lit de Procuste de la fameuse notation. Changer la catégorie des noms propres a au moins le mérite de retarder le processus de ces renoncements.

Les descriptions définies ordinaires sont éliminées *à la Russell*, ainsi que les termes singuliers construits avec des foncteurs (« *x* + *y* »). Restent les expressions provenant des opérateurs d'abstraction intensionnelle. Les

---

⁹⁴ C'est l'analyse déjà proposée dans « *On What There Is* », où « Pégase » était remplacé par un prédicat inanalysable (p. 8 *in FLPV*).
⁹⁵ Encore que: voir la dernière phrase du § 37 : « La nouvelle analyse proposée est une ré-analyse des noms en termes généraux ».
⁹⁶ § 36 ; voir aussi le § 38, où « la proposition que *p* » cesse d'être analysée en un opérateur d'abstraction appliqué à l'énoncé *p*, et le § 44 où les prédicats de croyance cessent d'être structurés.

« noms » de proposition, par exemple, ne sont pas des descriptions de la proposition nommée : « la proposition que Cicéron a dénoncé Catilina », cette expression ne fonctionne manifestement pas comme la description authentique : « la proposition que Quine introduit § 35 de *W&O* ».[97] Une tentative est faite pour construire des termes singuliers qui décriraient des intensions, sur le modèle de « l'objet x qui est la proposition que p ». Mais cette tentative est plutôt un exercice de style, là encore pour cause de répudiation ultérieure des intensions.

---

[97] Voir Cartwright, « *A Neglected Theory of Truth* », *in Philosophical Essays*,.

Discussion: Variables

Des deux formes de la référence distinguées au Chapitre Trois, *désigner* et *être vrai de* (*dénoter*), ne reste-t-il donc que la seconde, caractéristique des termes généraux et des prédicats en général, puisque les termes singuliers ont été éliminés ? On a envie de répondre non, bien sûr, puisqu'il semble que l'office apparemment dévolu aux termes singuliers du langage naturel est à présent, en un sens, rempli par les variables de quantification. En quel sens exactement ?

« Que les variables seules demeurent à titre de termes singuliers, on peut le voir comme attestant la primauté des pronoms », écrit Quine § 38.[98] Admettons que sur ce point, la notation artificielle illumine ce qui était caché dans le langage ordinaire : la prééminence des pronoms sur les noms. On lit volontiers ces deux sections 37-38 comme mettant en valeur le rôle des variables ; on pourrait aussi bien y voir une mise en valeur du rôle fondamental des prédicats, si l'analyse de la re-catégorisation des noms propres en termes généraux est la bonne. N'y a-t-il pas ici l'amorce d'une tension possible dans l'analyse de la référence, selon que l'on privilégie le rôle des variables ou celui des prédicats ? Pour donner vie à la question, alignons deux citations :

> « Etre assumé comme une entité, est purement et simplement être admis comme la valeur d'une variable. »[99]

> « Dans une culture avec foncteurs et prédicats, être, c'est être dénoté par un prédicat à une place. »[100]

---

[98] Il s'agit ici des pronoms comme « il », « elle », etc. dans leur usage aussi bien démonstratif qu'anaphorique. Le cas du pronom relatif « qui », « que », semble plus incertain ; comparer § 23 p 113, et § 28 p 136 où il est question de « la fonction référentielle du pronom relatif ». Ce point sera ultérieurement réélaboré par Quine.

[99] « *On What There is* » (*FLPV*). Dicton rappelé par exemple dans *PT*, § 10 : « être, c'est être la valeur d'une variable ». La formule est belle, mais tronquée : il s'agit en fait des variables de quantification.

Presque cinquante ans séparent ces deux affirmations contrastées: s'agit-il d'un changement de doctrine ? d'une inflexion ? d'un approfondissement ?

La première idée qui vient à l'esprit, quand on pense à Quine, est certainement la suivante : les variables, comme les pronoms, sont le *medium* fondamental de la référence, parce que c'est à travers leur usage, et leur usage seul, qu'un discours ou une théorie s'engage ontologiquement (voir la première citation). Mais s'agit-il ici vraiment de la variable « *an und für sich* », de la variable *qua variable*, comme le dira Quine s'interrogeant sur l'essence (mais oui !) de la référence ?[101] Il y a dans la première formulation du critère ontologique applicable à une théorie, non pas certes une confusion, mais du moins une insuffisante désintrication de deux éléments distincts. L'engagement à un univers d'objets que les variables sont censées « parcourir », selon la métaphore usuelle, est le fait des variables *liées*, et plus précisément des variables liées par l'un ou l'autre des quantificateurs : les variables justement dites « de quantification ». Comme la quantification existentielle, par exemple, est expliquée par la tournure semi-ordinaire « il existe une chose qui … », qui n'exige pas nécessairement l'usage de variables (tant que le prédicat est relativement simple), et comme par ailleurs c'est déjà dans les termes indéfinis du langage ordinaire qu'on trouve « les pures affirmations d'existence » (§ 23), il est déjà douteux que ce soit la variable *en tant que telle* qui soit le support de la présupposition ou de l'affirmation d'existence. Les deux éléments intriqués dans « $\forall x$ » ou « $\exists y$ » sont donc d'une part le quantificateur, qui porte la force existentielle ou « quantitative », d'autre part et *séparément* la variable elle-même. Et, ajoute Quine pour appuyer le trait, la force des quantificateurs « est sans pertinence pour la fonction référentielle » de la variable.[102] Au reste, le « travail distinctif » de la variable apparaît également dans d'autres constructions où elle est liée par d'autres opérateurs, dans les descriptions, l'abstraction de classe ou l'abstraction intensionnelle,

---

[100] *FSS*, p. 35 (1995). Je remercie Ph. de Rouilhan, qui a attiré mon attention sur cette phrase. Il est étrange que Quine parle ici de culture ; mais peut-être que si nous étions natifs d'ailleurs, nous « penserions » en termes de prédicats et de foncteurs. Question ethnologique…
[101] « *The Variable* » (1972), *in WP*. Mais s'agit-il d'évolution de la part de Quine ? La même idée est déjà présente dans un article de 1960, « *Variables Explained Away* » (*in Selected Logic Papers*).
[102] « *The Variable* », *in WP*. Quine insiste sur le fait qu'il s'efforce de dissocier variable et quantification, afin d'isoler la véritable nature de la première.

etc.[103] Quelle est donc la fonction caractéristique, la fonction *par excellence*, la « nature » de la variable ?

Ici, Quine propose une réponse à première vue déconcertante. La variable dans sa cristalline pureté n'est rien d'autre qu'un pronom *abstractif*, dont l'office est le même que celui des pronoms relatifs « qui », « que », « dont », éventuellement mis sous la forme canonique « *x tel que ...x...* ». Il s'agit toujours d'extraire d'une phrase un prédicat, formé avec ce qui reste de la phrase après y avoir remplacé un terme singulier par une occurrence de « *x* », reliée à l'occurrence de « *x* » qui précède « *tel que* ». D'où l'appellation de « pronom abstractif », d'où l'idée que la variable est essentiellement un pronom *relatif* ; il va de soi que « l'abstraction » en question n'est pas une entification ou quoi que ce soit de ce genre, mais une simple séparation, dans la phrase, de ce qui peut être conçu comme un prédicat, et de ce à quoi il s'applique : un procédé de fabrication de prédicats, aussi complexes soient-ils. Comme on le voit, la variable dans cet usage originaire n'est pas liée, du moins dans sa première occurrence : elle est plutôt « liable » (« *bindable* ») par un opérateur extérieur, bien qu'elle « lie » anaphoriquement ses occurrences ultérieures. Quant aux autres usages ils sont, dit Quine, « parasites » :[104]

« Il y a un usage de la variable liée qui est encore plus fondamental que son usage dans la quantification. Il ne porte avec lui aucune connotation de « tout » ou « quelque », ni de classe ou de fonction, mais il révèle plutôt le travail propre de la variable liée, sans mélange. Cet idiome fondamental et négligé est la subordonnée relative, enrégimentée mathématiquement dans l'idiome « tel que » : « *x* tel que *Fx* ». Ce n'est ni un terme singulier, ni une description définie, ni un abstract de classe ; c'est un terme général, un prédicat. »[105]

Nous retrouvons donc ici les subordonnées relatives, sous forme de prédicats contenant en eux des occurrences de variables, les relatives dont *The Roots of Reference* avait fait l'une des deux racines de la référence. A partir de la phrase « Les anomalies de Mercure sont dues à Vulcain », nous avions

---

[103] Bien qu'en un sens la variable qui figure dans l'abstraction de classe ne soit rien d'autre, par définition, que la variable de quantification, comme le montre l'introduction de y ∈ {x ; F*x*} par ∃*x*(*x* = *y* et F*x*), *STL*, p. 16.
[104] Voir aussi *Quiddities*, article *Variables* : « Le vrai génie des pronoms se manifeste dans les subordonnées relatives ».
[105] « *The Variable* », in *WP*.

vu comment construire la phrase équivalente « Vulcain est (une planète) x telle que les anomalies de Mercure ont dues à x », après extraction (ou abstraction) du prédicat :

x tel que les anomalies de Mercure sont dues à x.

La seconde occurrence de « x » est dans une relation d'anaphore (« *cross-reference* », « *binding* »), à la première.[106] Mais pas plus qu'un pronom n'a à lui seul de référent hors contexte (linguistique, s'il s'agit d'anaphore, extra-linguistique s'il s'agit de démonstratif), la première occurrence de « x » ne fait évidemment pas référence à quoi que ce soit. Même liée par un terme singulier comme antécédent, elle ne gagne pas nécessairement de référent pour autant, comme on le voit dans :

Vulcain est un objet x tel que les anomalies de Mercure sont dues à x,

où l'antécédent est un nom propre vide, aux lumières de l'astronomie.[107] De plus, on s'en souvient, les variables de la tournure « *tel que* » étaient dites substitutionnelles à l'origine. Bref, pour toutes ces raisons, il y a lieu de penser que l'opérateur « *x tel que* » n'est qu'« un opérateur ontologiquement innocent pour isoler des prédicats complexes purs ».[108] En quel sens peut-on donc parler, comme continue à le faire Quine, de la « fonction référentielle » essentielle de la variable, alors qu'elle peut figurer dans tant de contextes, où, manifestement, elle ne fait pas référence ?

Une réponse très générale, valable pour tous les signes, pourrait tenter d'écarter ces doutes comme excessivement naïfs: parler de fonction référentielle d'un signe ne veut pas dire qu'*il y a* une relation de référence du signe à quelque objet. Un signe peut faire référence, sans qu'*il existe quelque chose* à quoi il est fait référence. C'est par exemple le lot des termes singuliers définis de pouvoir être dits « référentiels » sans nécessairement désigner quelque chose (voir « Vulcain » et « Pégase »). De même, les variables pourraient réputées être les termes singuliers par excellence, comme les pronoms dont elles sont la forme standardisée, sans que nécessairement, elles fassent réfé-

---

[106] Voir § 28, où Quine distingue clairement la référence authentique et la relation anaphorique de pronom à antécédent.
[107] Je reprends cet exemple à Sainsbury, *Reference without Referents*, car il est moins suspect que ceux empruntés à la fiction.
[108] « *The Variable* », *in WP*. « Le rôle fondamental de la variable est l'abstraction des prédicats », *FSS* p. 32.

rence à des objets en toutes leurs occurrences. Dire qu'elles sont les *coins de la référence*, c'est dire simplement qu'elles portent avec elles, éminemment, ce qu'on peut appeler le *schème de l'objet*. Ce genre de réponse pose cependant au moins trois problèmes.

Ce caractère *objectuel* des variables appartient-il à cette « nature » des variables que Quine cherche à élucider ? Rien dans le premier usage des variables, leur usage purement syntaxique tel qu'il est apparu au § 28, la clarification des ambiguïtés de structure liées aux anaphores entrecroisées, ne semble précisément lié à ce caractère objectuel. Or c'est là qu'apparaissent pour la première fois les variables, dans une « humble » fonction, dont Quine finira pas faire leur non moins « humble » nature.[109] En outre, on vient de le rappeler, les variables de la construction « *x tel que* » sont originairement des variables *substitutionnelles*, qui justement « ne prétendent pas faire référence à des objets comme leurs valeurs » (et corrélativement, les expressions des classes de substitution pour ces variables ne sont pas nécessairement des noms, dans cette étape initiale).[110] Les variables ne sont donc pas objectuelles *par essence*. Plus remarquable encore, quand Quine se demande à partir de quel moment les variables *deviennent* objectuelles, la réponse est : quand elles s'introduisent dans les énoncés catégoriques, *via* donc la quantification. [111] C'est donc, pour aller vite et du point de vue génétique, la quantification qui rend les variables objectuelles. Le petit article « *The Variable* » est quasiment contemporain de *The Roots of Reference* : mais il est difficile d'accorder les deux leçons, l'une selon laquelle la variable objectuelle est la variable *an und für sich*, celle du « *x tel que* », l'autre selon laquelle elle ne gagne ce statut que liée avec (et par) la quantification. Il n'est donc pas du tout sûr qu'on puisse dire que les variables, à elles seules et en tant que telles, soient le support du schème de l'objet.

Second problème : supposons, en dépit de ce qui vient d'être dit, que les variables soient les points par excellence où le langage s'accroche au monde ; on pense alors naturellement qu'elles sont, non seulement pratiquement efficaces, mais théoriquement indispensables : on n'imagine mal un schème référentiel sans *coins référentiels*. Cependant, il n'en est rien.[112] L'article « *The Variable* » s'achève sur la promesse suivante :

---

[109] *FSS*, p. 33.
[110] *RR*, § 26.
[111] « La variable objectuelle est un résultat de ces deux racines, non d'une seule », *ibidem*.
[112] Voir « *Variables explained away* », *in Selected Logic Papers*.

« En ajoutant aux foncteurs Booléens de prédicats un petit nombre d'autres foncteurs de prédicats, nous pouvons, si nous le désirons, éliminer pour de bon la variable liée. Car il y a des foncteurs de prédicats qui font tout ce qu'il faut pour lier et permuter les places d'argument. Voir l'article suivant. »[113]

Quine a en effet proposé un programme d'élimination des variables, c'est-à-dire de construction de langages ayant même force que les langages du 1er ordre, mais sans variable. Or si « expliquer, c'est éliminer », désirer éliminer c'est penser qu'il y a quelque chose à expliquer.[114] Quine présente en effet son langage sans variable, sa « *Predicate-functor Logic* », comme fournissant une plus profonde compréhension de la variable : les variables ne sont peut-être pas, au bout du compte, l'instrument ultime et clair de la référence.

L'idée d'éliminer les variables, parce qu'ayant un caractère au fond accidentel, remonte au moins à Schönfinkel, qui la justifie ainsi :

« Une variable dans une proposition de logique, après tout, n'est rien d'autre qu'un signe qui caractérise le fait que certaines places d'argument et certains opérateurs sont liés ensemble ; elle a donc le statut d'une simple notion auxiliaire qui est en réalité inappropriée à l'essence constante, « éternelle » des propositions de logique. »[115]

L'inspiration de Quine est analogue, à une réserve près : la logique combinatoire fait appel à un univers abstrait de fonctions, sur lesquelles on admet une opération d'application fonction/argument (les arguments peuvent eux-mêmes être des fonctions), et certaines de ces fonctions sont nommées par des termes singuliers. La logique *prédicats-foncteurs* de Quine fait l'économie d'une ontologie aussi riche, n'a pas de termes singuliers, et finalement est équivalente à la logique du 1er ordre seulement (c'est-à-dire, pour Quine, à la logique *stricto sensu*) : elle est donc « plus pure » qu'une construction qui absorberait une théorie des ensembles. Il est facile de voir à

---

[113] «*Algebraic Logic and Predicate Functors*», in *WP*. Les foncteurs « booléens » sont la complémentation, l'intersection, et un foncteur d'existence ∃.
[114] Voir § 53.
[115] Schönfinkel « *On the Building blocks of Mathematical Logic* », (1924), in *Van Heijenoort*. Voir aussi Curry, Feys, and Craig, *Combinatory Logic,*: «La logique combinatoire est concernée par l'analyse des variables formelles et leur éventuelle élimination ».

quoi ressemble cette nouvelle notation sur un exemple simple, tant qu'on se limite au calcul monadique des prédicats.[116] Regardons la formule :

$$\exists x\ (Fx \wedge Gx).$$

Traduisons la sous-formule dans la portée du quantificateur dans la notation avec « *x tel que* » moyennant l'utilisation du foncteur « Intersection » qui permet de fabriquer l'expression « $F \cap G$ » ; on obtient (phase intermédiaire):

$$x\ \text{tel que}\ (F \cap G),$$

qui est un prédicat complexe « abstrait » de la notation précédente. L'application d'un nouveau foncteur « $\exists$ » (à distinguer du quantificateur habituel avec sa variable liée) à ce prédicat donne, moyennant l'élimination (« *cropping* ») de la variable :

$$\exists\ (F \cap G),$$

qui est un énoncé, mais peut être compris comme un prédicat à 0 places d'argument, i.e. de degré ou d'arité 0 (F et G sont de degré 1). Comme Quine le remarque, cette notation revient à lire les énoncés en « *tel que* », non plus comme :

(quelque chose)(est tel qu'il est F et qu'il est G),

mais :

(quelque chose est)(F et G).

Il est probable que la lecture spontanée de ces écritures consisterait à y voir un exemple tiré de l'Algèbre des classes : les lettres « F », « G » étant comprises comme des variables de classes, et $\cap$ une opération sur les classes. Mais nous n'avons pas réellement besoin de cette ontologie, dit Quine, si nous comprenons ces mêmes lettres comme des *lettres schématiques*, i.e. marquant des places pour d'authentiques prédicats (comme « soldat courageux » ou « député corrompu »), et les foncteurs comme opérant sur les prédicats eux-mêmes.

---

[116] Le calcul monadique ne traite que des prédicats à une place d'argument, ou de degré 1.

Quine montre que ce genre de notation est adéquat pour la logique de la quantification avec identité, en toute généralité ; mais cette extension exige de nouveaux foncteurs. Outre les foncteurs pour le calcul monadique, Intersection ∩, Complémentation −, et *cropping* ∃, il faut au moins disposer d'une généralisation de ∩, qui permet de fabriquer un prédicat complexe avec des prédicats d'arité différente, d'un foncteur qui permet d'identifier deux places d'argument (disons Refl.), et d'un foncteur qui permet de permuter des arguments (disons Perm.).[117] J'esquisse ci-dessous la procédure de traduction dans la nouvelle notation, sur un exemple très simple où figurent un prédicat unaire F^1, et un prédicat R^2 relationnel. Partons de la formule à une variable libre :

$$\exists x\ (\neg F^1 x \wedge R^2 xy).$$

La portée du quantificateur est une conjonction, qui est transformée en un unique prédicat complexe, auquel s'appliquent les variables figurant dans cette portée. D'où :

$$(-F^1 \cap R^2)xxy.^{118}$$

La répétition de la variable x est éliminée par application du foncteur Refl. au prédicat complexe, d'où :
$$\text{Refl}(-F^1 \cap R^2)xy,$$

Puis le quantificateur existentiel en tête et sa variable sont finalement éliminés par *cropping* :

$$\exists \text{Refl}(-F^1 \cap R^2)y.$$

Si nous étions partis d'un énoncé clos (sans variable libre), par exemple $\exists y \exists x\ (\neg F^1 x \wedge R^2 xy)$, toutes les variables auraient bien sûr été éliminées, donnant par exemple :

$$\exists\exists \text{Refl}(-F^1 \cap R^2).^{119}$$

---

[117] Il y a en fait un autre foncteur, *padding*, qui joue un rôle inverse de *cropping*.
[118] Dans une interprétation (informelle) du calcul, le prédicat $(-F^1 \cap R^2)$ dénote les paires appartenant à la relation R dont le premier item n'appartient pas à la classe F (notation évidente).

Quine a maintes fois répété que cette élimination des variables permettait une meilleure et plus complète analyse de leur rôle véritable. A la vérité, ce rôle est fort « humble », comme on l'a laissé entendre : marquer les renvois de référence de place en place d'argument, identifier deux places d'arguments. C'est essentiellement le travail qu'accomplissent les foncteurs Perm et Refl : garder la mémoire de l'ordre, et identifier.[120] Mais que faire alors du fameux critère d'engagement ontologique : être, c'est être la valeur d'une variable? Et question préjudicielle : y a-t-il encore un quelconque engagement ontologique dans cette logique des prédicats ?

Quine s'est posé la question, au moins de manière rhétorique, et y a répondu ainsi (passage dont est extraite la seconde citation donnée plus haut) :

« Mais à présent, les variables absentes, qu'en est-il de la réification ? Nous ne l'avons pas perdue. Dans une culture « prédicats-foncteurs », être, c'est être dénoté par un prédicat à une place. Cette manière de parler s'accorde aussi à notre usage domestique, puisque toute valeur d'une variable est dénotée par un prédicat ou un autre, - $x \ni (x = x)$ de fait -, et vice versa. »[121]

Il semble donc bien que des deux modes de la référence, *nommer*, et *dénoter*, ce soit le second qui finalement porte avec lui l'engagement référentiel : montrez moi vos prédicats, et je vous dirai ce que vous dites qui est ! L'élimination des noms propres, au § 27, allait déjà dans le sens d'un privilège accordé aux prédicats. Est-ce si simple ? On peut en douter : si tel était le cas, qu'apporterait de plus *cropping*, $\exists$? Avant de discuter ce point, cependant, un mot sur la possibilité de réconcilier les deux critères ontologiques.

La question est explicitement abordée par Quine à la section X de « *Algebraic Logic and Predicate Functors* ». En général, on ne peut clarifier les engagements ontologiques d'une théorie, dit Quine, avant de l'avoir traduite (si une telle chose est possible) dans la forme canonique de la quantification. Et

---

[119] Pour une présentation soigneuse de la « predicate-functor logic », voir Fred Sommers, *The Logic of Natural Language*, Appendice E par Aris Noah (merci à Ph. de Rouilhan qui a attiré mon attention sur ce texte).

[120] Le foncteur Perm n'a pas été utilisé dans l'exemple donné à l'instant. Si nous étions partis de, par exemple, $\exists x \exists y (\neg F^1 x \wedge R^2 xy)$, il aurait dû être utilisé.

[121] *FSS*, p. 35 ; le symbole $\ni$, repris de Peano, peut être justement lu: « est tel que », et le prédicat dit que x est un objet, étant comme tout objet identique à lui-même.

puisqu'une telle traduction est possible pour la logique « prédicats-foncteurs », - ce qui vaut dans un sens vaut aussi bien dans l'autre -, il semblerait que le critère en termes de variables de quantification garde sa prééminence, solidaire qu'il est du privilège accordé à la notation usuelle. Mais :

> « Nous notons alors cette circonstance spéciale : les choses qu'une théorie sous la forme quantificationnelle usuelle accepte comme existantes pourraient *aussi* être décrites comme les choses qui satisfont ses prédicats (et leurs complémentaires). Ce sont les mêmes que les valeurs des variables quantifiées pour une théorie en forme quantificationnelle usuelle. Si bien que la caractérisation en termes de satisfaction des prédicats a l'avantage de s'appliquer également et d'un seul coup aux théories en forme quantificationnelle et aux théories en forme prédicats-foncteurs, sans qu'il soit besoin de passer par le canal d'une traduction. ».[122]

De sorte que *dénoter* des objets, l'affaire des prédicats, semble bien la forme fondamentale de la référence, puisque l'idée s'applique également aux deux types de notations. Si l'on ajoute que le besoin d'*expliquer* la variable montre qu'une certaine obscurité l'entoure, en dépit de la réputation de clarté de la notation quantificationnelle, on devrait en conclure que le privilège de cette notation n'est vraiment qu'une question de *culture*, dans laquelle nous avons grandi.[123] Est-ce ce que voulait dire Quine, dans cette formulation ethnologique ?

La troisième question porte sur l'idée même de référence. On s'est rassuré plus haut en faisant valoir l'idée suivante : la caractéristique des termes singuliers définis n'est pas qu'ils désignent, mais qu'ils sont *censés* désigner, ou sont utilisés dans l'intention de désigner (voir « Vulcain »), comme la caractéristique des termes généraux n'est pas d'*être vrais de*, mais d'être *censés* être vrais de : témoin « licorne ».[124] Et la référence, au sens de la vocation à faire référence, n'est donc pas une relation *ordinaire*, i.e. un ensemble de couples signe/objet. Qu'est-elle donc ?

---

[122] *in WP*, p. 304.
[123] *FSS* parle ainsi de la «résolution de la magie de la variable » (on croirait entendre le premier Russell !). Comme le lecteur l'a vu, je n'ai pas spéculé sur une éventuelle évolution de Quine sur la question : mais il n'est pas impossible de voir une différence d'accent à travers la succession des textes.
[124] La formule de Quine est : « *purport to denote* » ; c'est ici que l'intentionnalité se fait jour.

Quand on a affaire avec un terme relationnel qui désigne une « relation » dont un des termes, le *relatum*, fait défaut ou peut faire défaut, comme c'est le cas de « chercher » ou « chasser », on parle, avec joie ou regret, de vocabulaire *intentionnel*.[125] N'en est-il pas de même du terme « référence », et peut-être du vocabulaire sémantique en général ? Le terme « Vulcain » a été utilisé pour faire référence à une certaine planète, - il n'y a pas d'autre façon d'expliquer son usage pendant quelques années -, bien qu'il n'ait jamais eu de référent. Mais si la description de notre appareil référentiel est la description de relations intentionnelles, alors, en dépit des affirmations selon lesquelles la sémantique est « scientifique en esprit », ne tombe-t-elle pas « dans le vide d'une science de l'intention », c'est-à-dire dans la sphère de ce qui n'est pas science ni objet de science ?[126]

Cette conséquence quant au statut de la sémantique est-elle bien, ou mal venue ? En un sens, elle rend suspecte l'affirmation d'un privilège de la sémantique de la référence sur la sémantique du sens, par ailleurs proclamée.[127] En un autre, Quine était sans doute prêt à l'accueillir, en raison du lien, à première vue curieux, qu'il voyait entre l'intentionnalité et l'indétermination de la traduction.

Au § 45, Quine récupère la thèse de l'irréductibilité de l'idiome intentionnel (dite « thèse de Brentano ») et l'accueille comme allant de pair avec la thèse de l'indétermination de la traduction. Et à la réflexion, on peut le comprendre. La projection des hypothèses analytiques sur les dispositions verbales des natifs ne rencontre, adéquatement ou non, aucune réalité, aucune question de fait qui pourrait consister en une saisie mentale de significations, en un appareil référentiel réellement opérant, voire en des états cérébraux déterminés. En disant que les natifs font référence à ceci ou cela, on ne décrit aucune réalité qui pourrait ultimement être réduite de manière physicaliste. En ce sens, les verbes par lesquels on interprète leur comportement verbal, « signifier », « référer », « dénoter », etc., sont *irréductiblement* intentionnels. Cette irréductibilité devrait disqualifier dans une certaine mesure ce

---

[125] § 45, Quine avec Brentano et Chisholm, jusqu'à un certain point évidemment.
[126] *Ibid.* ; la sémantique, y compris la sémantique de la référence, ne serait pas mieux lotie que « l'idiome dramatique des attitudes propositionnelles », à propos duquel Quine accepte la thèse de l'irréductibilité de l'intentionnalité (mais en ajoutant : tant pis pour les attitudes !).
[127] Voir « *Notes on the Theory of Reference* », in *FLPV*.

vocabulaire sémantique, comme c'est le cas pour le registre psychologique des attributions de croyance.[128]

Cette vision du statut de la sémantique est donc relativement bien venue (pour Quine) quand on s'intéresse à d'autres communautés linguistiques.[129] Mais l'intentionnalité du vocabulaire de la référence pose un autre problème, relatif au second critère ontologique formulé en termes de prédicats, et qui concerne notre propre schème conceptuel.

Dire que la sémantique a un aspect intentionnel, c'est dire simplement que la sémantique n'est pas l'ontologie : être, ce n'est pas être *dénoté* par un prédicat (à une place). Pas simplement au sens évident où ce qu'une théorie « dit qu'il y a » ne nous apprend pas forcément grand-chose sur ce qu'il y a *réellement* ! Mais ce qui est valable pour les termes singuliers, qu'ils soient référentiels bien qu'ils puissent ne rien désigner, et donc que l'engagement ontologique ne passe pas par eux, cela est aussi bien valable pour les prédicats. De la même façon qu'un terme général ne cesse pas d'être *général* parce qu'il se trouve être vrai d'un unique objet (voir : « satellite de la Terre »), de même un terme général ne cesse pas de *dénoter* (au sens intentionnel, bien sûr) parce qu'il se trouve qu'il n'a pas de référent.[130] Le prédicat « cheval ailé tel qu'il a aidé Bellérophon à tuer la Chimère » peut bien figurer dans une théorie, - ou un mythe -, doué de son mode dénotatif propre, de sa « fonction référentielle » typique des termes généraux ; tant que la théorie ou le mythe n'a pas dit, dans une notation ou une autre, qu'*il existe* un tel cheval ailé, elle (ou il) ne s'est pas engagé ontologiquement à l'existence de Pégase.

Il en est de même pour la notation de la logique *prédicat-foncteur* : la force existentielle est portée par l'opérateur *cropping* ∃ (Quine, évidemment, le sait parfaitement, en dépit de la brillante formule qui résume le critère ontologique[131]). On peut donc conclure ainsi sur ce point, semble-t-il : en ce qui concerne la référence *au sens intentionnel*, quand l'accent est mis sur le rôle des prédicats, il y a bien une nette inflexion par rapport au langage naturel, tel qu'il sort sinon des mains de la nature, du moins de l'apprentissage et de

---

[128] Le disqualifier du point de vue théorique, bien sûr ; pratiquement, il reste utile, voir la fin du § 45.
[129] L'est-elle autant quand on prétend s'occuper, dans un esprit scientifique, de l'appareil référentiel de notre propre communauté ? C'est la question qui a donné lieu à la discussion du Chapitre 3 sur la relativité de l'ontologie.
[130] Relire ici le § 22.
[131] Voir « *Algebraic Logic and Predicate Functors* », X.

l'apport de nos aïeux : la fonction *dénotative*, celle des prédicats, supplée à la fonction *désignative*. C'est l'apport essentiel de la réforme. Mais l'instrument de l'engagement ontologique, ce qui exprime la référence au sens non intentionnel, -c'est-à-dire précisément, *ontologique* -, n'a pas profondément changé. Qu'il s'agisse du quantificateur ou du foncteur *cropping*, c'est la même idée primitive du « il y a » qui est exprimée par des voies différentes. Etre, c'est *être* dénoté par un prédicat : oui, à condition d'*être*. La fonction sémantique des prédicats, à elle seule, n'y est pour rien.

Une certaine équivoque sur le terme « référence » n'est-elle pas à l'oeuvre tout au long de *W&O*? Les choses se compliquent du fait de la dualité des points de vue. Vue du dehors, l'appareil référentiel est entièrement intentionnel: c'est une projection. Mais vue de l'intérieur, la référence est une esquisse des catégories les plus générales de la réalité (§ 33) ; encore est-il qu'une ontologie « formelle », qui spécifie ces catégories, ne résoud pas tous les problèmes de l'ontologie « matérielle », et certainement pas celui de l'existence des licornes ou des habitants d'autres planètes.

Chapitre VI : Austérité

Exposition

Le Chapitre Six pourrait s'intituler « Ce qu'il n'y a pas ». Il défend une doctrine drastique: tous les traits de la réalité qui peuvent être exprimés, et en fait tous les traits de la réalité qui méritent d'être ainsi qualifiés, peuvent être formulés dans une notation très pauvre en constructions de base (§ 47). Trois constructions en fait, qui sont les constructions de la logique de la quantification : la prédication, les fonctions de vérité, la quantification, qui assurent le caractère extensionnel des langages couchés dans cette notation. Cela pour la syntaxe. En ce qui concerne ce que Quine appelle parfois *l'idéologie*, - la totalité des termes généraux qu'on peut admettre comme primitifs ou inanalysés -, les choses sont plus « ouvertes ». Le vocabulaire des termes généraux inanalysables, dont la science a besoin, est même nécessairement ouvert, au sens où il est impossible de former une totalité close de prédicats (§ 47, par un argument de style tarskien) : et donc même s'il est à un moment donné fini, il est potentiellement infini. L'idée d'une langue caractéristique qui soit en même temps une encyclopédie achevée n'est donc qu'un idéal mythique. Quant à *l'ontologie*, les domaines où les variables prennent leurs valeurs peuvent rester assez largement non spécifiés. Idéalement, ces domaines n'en forment qu'un, l'univers.[132] Le mieux qu'on puisse en dire, c'est qu'il est constitué de *tout ce qui est* : le Chapitre suivant précisera. Il y a quelque chose de russellien, - du premier Russell, celui d'avant la théorie des types -, dans cette unité de l'univers : l'idée que la prédication, pour être sensée, doit être restreinte à certaines catégories d'objets comme arguments de certains prédicats, est considérée comme théoriquement superflue, dans un esprit de « tolérance » qui contraste avec la rigueur de l'orientation générale.[133]

---

[132] Non vide, certainement (sur l'exclusion de l'univers vide, voir *PL*, 4).
[133] Et corrélativement, il n'y a ultimement qu'un « style de variables », qui permet de quantifier en même temps sur les individus que sur les classes ; voir *STL*, Chap. II en particulier.

Pour en arriver là, il a fallu évidemment procéder à quelques éliminations, du côté du langage, mais surtout du côté d'un certain nombre d'entités que les Chapitres précédents avaient provisoirement utilisées. Les *intensions*, propositions et attributs, qui avaient brièvement fait leur apparition au Chapitre Cinq pour condenser en leur sein l'opacité, sont liquidées et remplacées par des substituts dans leurs diverses fonctions. Du côté du langage, les prédicats d'attitude binaires, ternaires, etc., les noms de propositions de la forme « que p », ou « [p] », les opérateurs de modalité, ainsi que la plupart des conditionnels contrefactuels, sont finalement rejetés.

L'idée de *proposition* a fait son apparition § 35, quand Quine a proposé de localiser l'opacité dans l'abstraction intensionnelle. Mais la philosophie n'a bien sûr pas attendu cette section pour parler d'entités propositionnelles exprimées par les phrases. La simple remarque que la plupart des phrases comportent un élément d'indexicalité (« il fait beau aujourd'hui ») qui leur interdit d'être vraies ou fausses absolument parlant, conduit à chercher des porteurs stables des valeurs de vérité : et la proposition exprimée par la phrase éternelle ou « *éternalisée* » : « le 16 Février 2008 il fait beau à Paris » semble à première vue un bon candidat. D'où l'idée que vérité et fausseté sont des propriétés d'objets non linguistiques. Mais déjà le langage naturel, avec ses complétives, avait montré le chemin. Faire précéder une phrase de la conjonction « que » semble construire un terme singulier, susceptible de figurer comme complément d'objet de certains verbes. Comme souvent, philosophie et grammaire vont main dans la main.

Quelle que soit la genèse de l'idée de proposition, on ne peut parler sérieusement de significations exprimées par les énoncés sans avoir un critère d'identité répondant à la question : à quelle condition deux phrases expriment-elles la même proposition (« pas d'entité sans identité »). La réponse naturelle : « deux énoncés (éternels) expriment la même proposition si et seulement s'ils sont *synonymes* » renvoie évidemment à la question : à quelle condition deux énoncés sont-ils synonymes ? Mais là, nous sommes en panne depuis le § 14. Outre qu'on peut envisager plusieurs notions de synonymie, plus ou moins larges (large : deux énoncés sont synonymes *ssi* ils sont logiquement équivalents, auquel cas toutes les vérités logiques expriment une seule et même proposition ; plus étroite : quiconque croit l'un des énoncés croit l'autre, ce qui suppose sans doute une forte ressemblance de structure entre les phrases), il y a un problème plus profond.[134] Celui qui croit sérieusement aux propositions doit les concevoir comme des réalités translinguistiques, des « invariants pour la traduction », et précisément ce qui fonde la correction de la traduction, selon une sorte de renversement du critère : « deux énoncés sont synonymes *ssi* ils expriment la même proposition ». Mais l'indétermination de la traduction, supposée établie, ruine cette idée : car s'il y avait des propositions, entre deux traductions compatibles avec les données observables, l'une serait correcte, l'autre non.

Le sort des propositions avait en fait été scellé dès le Chapitre Deux ; les difficultés liées à la notion de synonymie des phrases sont seulement « *by the way* », latérales et incidentes. En fait, c'est la notion générale d'*intension* qui est la cible de ces sections (voir d'ailleurs le titre du Chapitre). La manière dont Quine touche ici à la logique modale le montre clairement.

Le § 41 y touche en effet très légèrement, parce qu'il est surtout l'occasion de traiter d'une autre abstraction intensionnelle, celle des attributs. Les attributs ont déjà contre eux, si l'on peut dire, de manquer d'un critère clair d'identité ; et deuxièmement d'être opaques (§ 35). Un troisième défaut, rédhibitoire aux yeux de Quine, est que, combinés avec les modalités, ils ouvrent la porte à l'*essentialisme*.

La logique de la nécessité (logique) commence au moment où, à la place du prédicat «… est analytique » appliqué à un nom d'énoncé, on utilise, selon une sorte de *descente sémantique*, un opérateur « Néc » applicable à un énoncé, comme dans le passage de :

« (9 > 8) » est analytique,

---

[134] Quine discute ici l'isomorphisme intensionnel de Carnap comme critère de la synonymie, et en particulier l'idée de le restreindre à des transformations spécifiées dans un système de notation canonique. Comme toujours dans ce genre de discussion, Quine soutient que définir une notion relativement à un langage particulier ne donne aucune lumière sur la notion générale qu'on recherche (voir « *Two Dogmas of Empiricism* », in *FLPV*). Par ailleurs, anticipant sur une future réduction des propositions aux énoncés éternels, Quine examine la portée de l'objection suivante (§ 40) : se pourrait-il qu'il y ait des propositions inexprimables, ou du moins qui ne seront jamais exprimées, et donc jamais nommées par une phrase nominalisée ? Parer l'objection est l'occasion de préciser ce que Quine entend par « phrase », « énoncé » : non pas une classe d'occurrences effectivement prononcées, mais une suite (finie) d'éléments, mots ou phonèmes de la langue. Il faudrait préciser que ce concept de phrase, du moins appliqué à une langue étrangère, est postérieur à la projection des hypothèses analytiques, puisqu'il suppose découpage et segmentation.

à :

$$\text{Néc}\,(9 > 8),$$

à lire : « nécessairement 9 est supérieur à 8 ».[135] Le problème est de savoir si on peut « quantifier à travers » cet opérateur pour obtenir, comme on s'y attendrait au vu de la règle de Généralisation Existentielle :

$$\exists x\, \text{Néc}\,(9 > x).$$

L'application du critère du § 30 et la thèse du § 35 conduisent à répondre par la négative, puisque le contexte est opaque, et donc la quantification « à travers » illégitime. A moins, naturellement, d'emprunter la voie de Church-Carnap, et d'introduire d'une manière ou d'une autre des intensions comme valeurs des variables (des « concepts d'individu »).

Quine se demande alors dans quelle mesure la parade suivante serait tenable, sur le modèle du traitement de l'opacité des énoncés de croyance : réintroduire un prédicat binaire « ... est nécessaire de ... » (mais un prédicat cette fois non linguistique), et confiner l'opacité dans l'abstraction de l'attribut, ici l'attribut nommé par « être un nombre tel que 9 lui est supérieur », ce qui donnerait :

$$x[9 > x] \text{ est nécessaire de 8.}$$

(on observera le parallélisme avec le traitement de « croire », feuilleté en différents prédicats d'arité différente). Cette fois, « 8 » doit avoir une occurrence purement référentielle, et la quantification est donc permise, comme c'était le cas pour « Tom croit $x[x$ a dénoncé Catilina] de Cicéron ».[136] Mais ce que veut montrer Quine, c'est qu'ici le remède est pire que le mal :

« Mais en liaison avec les modalités, elle [cette manœuvre] donne quelque chose de déconcertant, - plus déconcertant même que les modalités el-

---

[135] En acceptant, pour les besoins de l'argument, que l'adjectif « analytique » ait reçu un sens précis.
[136] Je dis « doit avoir », parce que la substitution de «le nombre des planètes» à «8» ne préserve pas la vérité de manière évidente (Quine utilise régulièrement les descriptions comme des termes singuliers dans son argumentation sur l'opacité, au lieu de les éliminer avant: on le lui a reproché). Le doute dont je parle montre clairement que les descriptions ne sont pas« rigides».

les-mêmes, à savoir : parler d'une différence entre les attributs nécessaires et contingents d'un objet. » (§ 41)

Autrement dit, cette tentative de donner sens à la logique modale quantifiée *via* les attributs nous fait tomber dans l'essentialisme. Et donc l'abstraction intensionnelle, qui paraissait une manœuvre intéressante dans le contexte des attitudes propositionnelles, est une voie fermée en ce qui concerne les modalités. On ne sait pas vraiment, avouons-le, ce qu'il y a de si horrible dans l'essentialisme (pas plus que ce qu'il y a d'horrible avec l'identité nécessaire).[137] L'apologue du mathématicien cycliste préjuge de la question. Cet individu étant sans doute un homme, il ne serait pas lui-même, cet individu là, s'il n'était ni rationnel ni bipède, au sens où rationalité et bipédie sont des attributs *essentiels* de l'humanité ; qu'il soit devenu mathématicien et cycliste, ce sont là des aspects probablement contingents de son histoire : c'est certainement la manière la plus naturelle de voir les choses, conforme à la distinction entre les attributs qu'un objet doit avoir en tant qu'appartenant à un certain genre d'objets, et les attributs susceptibles d'individualiser, même partiellement, un objet.[138] De manière générale, souvenons-nous des affirmations de Quine selon lesquelles l'enfant n'a pas maîtrisé l'usage des termes généraux tant qu'il ne peut comprendre des questions comme « ceci est-il la même pomme que cela? » (§ 19) : mais je ne vois pas comment il serait possible de donner sens à ce genre de question sans disposer d'idées concernant les propriétés nécessaires à l'identité de cet objet : si sa texture intérieure n'était pas *de la pomme*, ou même s'il avait été cueilli sur un autre pommier, ce ne serait sûrement pas le même objet ou la même pomme que celle qui est là dans le compotier.[139]

Quand il s'agit d'objets abstraits, i.e. qui ne sont ni observables, ni posés à titre de causes d'objets ou de phénomènes observables, il y a tout lieu de se demander comment on pourrait « penser à eux » (quelle que soit l'obscurité de cette expression) si ce n'est à travers une propriété essentielle. Le structuralisme en mathématiques a partie liée avec une forme

---

[137] Dans «*Three Grades of Modal Involvment* », Quine met sur le plan l'identité nécessaire et l'essentialisme, comme conséquences inévitables de la logique modale quantifiée.
[138] Voir Kripke, *Naming and Necessity*, Lecture I, et Ruth Barcan Marcus, "*Essential Attribution*", (*in Modalities*), qui fait la distinction entre l'essentialisme aristotélicien et l'essentialisme individualisant. La logique modale quantifiée valide, selon elle, le premier.
[139] Parler de propriété vraie d'un objet dans tous les mondes possibles n'est pour Quine qu'une métaphore de l'essentialisme. La sémantique des mondes possibles ne lève donc pas l'objection d'essentialisme; mais est-ce une objection?

d'essentialisme: quoi que soit le nombre 9, il lui est essentiel d'être le successeur de 8, si l'on tient que c'est leur place dans une progression qui caractérise les nombres entiers. On peut se demander en outre ce que voudrait dire « rechercher la nature véritable » de quelque chose s'il n'y avait une propriété essentielle cachée à découvrir. Reprenons l'exemple des variables. C'est sans doute une propriété contingente qu'elles soient représentées par les lettres x, y, z, ou R, S, etc. Mais c'est une propriété qui les caractérise comme *variables* qu'elles figurent *à la place* d'expressions d'une certaine catégorie, dans un but d'*indétermination*. Et si la véritable nature des variables réside dans leur fonction de marquer et d'identifier, je vois mal pourquoi on ne pourrait parler d'attributs essentiels des variables.[140] A moins de penser que le scepticisme philosophique de Quine ne soit en train de scier la branche que laquelle il est assis !

Quoi qu'il en soit, une fois l'abstraction intensionnelle récusée, reste la question : qu'est-ce qui pourrait bien faire l'office des intensions (car on ne les avait pas imaginées sans raison) ? Faisons les comptes ; les propositions servaient :

- de véhicule ou de porteur de la vérité et de la fausseté ;
- d'objet des attitudes ;
- de signification en soi, objective et trans-linguistique, des phrases ;

De leur côté les attributs servaient (§ 43) :

- d'objet des attitudes, du moins selon l'interprétation *de re* ;
- de signification des termes généraux, et plus généralement des prédicats (ou de leur notation canonique sous forme d'énoncés ouverts avec variables libres).

Des trois fonctions des propositions, les deux premières peuvent être assurées par des *objets linguistiques*, les énoncés éternels eux-mêmes (du moins, provisoirement pour la deuxième). Rien, on s'en doute, ne viendra jouer le rôle des propositions dans leur troisième fonction : l'indétermination de la traduction étend toujours son ombre. Les attributs sont traités assez différemment. Dans leur première fonction, pour autant

---

[140] Il en est de même pour les classes *versus* attributs : «Si quelqu'un conçoit les attributs comme identiques quand ils sont les attributs des mêmes choses, il doit être compris comme parlant plutôt des classes » (*STL*, Introduction) ; pourquoi, si l'extensionnalité n'est pas essentielle aux classes ?

qu'elle doive être prise au sérieux, ils sont également remplacés par des objets linguistiques, des énoncés ouverts ; et dans leur deuxième fonction, ils seront remplacés par des objets qui cette fois ne sont plus linguistiques, de « vrais » objets : des classes. Ici, la manœuvre qu'était l'abstraction n'est pas abandonnée : simplement, l'abstraction intensionnelle est remplacée par l'abstraction extensionnelle des classes.[141]

Je viens de dire que les objets des attitudes seront les énoncés eux-mêmes *provisoirement*.[142] Très provisoirement, en effet : n'oublions pas que chez Quine une *manœuvre* est souvent une tentative, non une analyse définitive ! Imaginons que nous interprétions notre vieil exemple :

(1) Tom croit que Cicéron a dénoncé Catilina,

comme exprimant une relation entre Tom et la phrase « Cicéron a dénoncé Catilina » :

(2) Tom croit-vrai « Cicéron a dénoncé Catilina »,

où la phrase objet de la croyance est mise entre guillemets puisqu'elle est mentionnée (§ 44). Acceptons de plus qu'on puisse dire de Tom, qui peut-être ne parle qu'anglais, qu'il croit en la vérité d'une phrase française.[143] Il y a une objection bien connue, due à Church, à cette proposition de paraphrase. Notre exemple (re)traduit en anglais donne :

(3) Tom believes that Cicero denounced Catilina.

Mais la traduction de (2) en anglais donne :

---

[141] On pourrait contester ma présentation, en faisant valoir que de même que les attributs sont remplacés par les classes, de même les significations propositionnelles sont remplacées par …Mais par quoi au juste ? Pas par les valeurs de vérité, Quine n'est pas Frege ! Pas par des faits, Quine n'est pas Russell ! J'appuie ma présentation de la phrase suivante de Quine à propos des fonctions des attributs : « D'autres fonctions, et qui sont très importantes, n'ont pas d'analogue parmi les fonctions pour lesquelles il semblait qu'on avait besoin des propositions… » (§ 43)

[142] Voir « *Reference and Modality* », *in FLPV* : il n'est « certainement pas nécessaire », dit Quine, de reconstruire l'énoncé (1) sous la forme (2).

[143] Idée plus acceptable qu'elle n'en a l'air, au vu du § 45, si l'on admet que ce genre d'énoncés projette une interprétation sur celui à qui on attribue une croyance, plutôt qu'il ne décrit un état mental.

(3) Tom believes-true « Cicéron a dénoncé Catilina »,

puisque l'énoncé entre guillemets n'a pas à être traduit, du moins sous l'interprétation standard des guillemets de citation (c'est son nom qui figure dans la phrase complète). Or il est clair qu'un lecteur anglais absolument monolingue ne retirera pas la même information de (3) et de (5). Donc la paraphrase (2) ne rend pas compte de (1).

Quine traite plutôt cavalièrement l'objection de Church, mais il a tort, car sa forme est révélatrice. Car pourquoi faut-il passer par le « test de la traduction » pour se rendre vraiment sensible à la différence entre (1) et (2) ? Autrement dit, pourquoi la version linguistique peut-elle nous paraître relativement acceptable ? C'est, une fois de plus, que la mise entre guillemets n'a pas la fonction que Quine lui donne. On a déjà évoqué ce point à propos de la mention autonyme des termes, mais la situation est analogue avec les énoncés.

Considérons la différence entre :

(1) « la neige est blanche » est vrai *ssi* la neige est blanche,

(2) Der Schnee ist weiss » est vrai *ssi* la neige est blanche.

L'énoncé (1) est une équivalence T au sens de Tarski, c'est-à-dire une sorte de définition partielle du prédicat de vérité ; on peut considérer qu'il s'agit d'un énoncé analytique (*pacce* Quine), vrai en vertu du sens des mots qui y figurent, « vrai » et « la neige est blanche » en particulier. (2) au contraire, s'il a jamais été écrit en dehors d'un livre de sémantique, est censé apprendre quelque chose d'empirique sur le sens, ou du moins les conditions de vérité, d'une phrase allemande à quelqu'un qui l'ignore. La différence de statut entre les deux énoncés montre que la présence de l'énoncé « la neige est blanche » dans la citation du membre gauche de (1) n'est pas qu'un « accident orthographique ».[144] L'énoncé est mentionné *et* utilisé, quoique de manière déviante : non pour affirmer un état de chose, mais pour exprimer quelque chose comme une signification. Cette utilisation déviante est monnaie courante, à l'oeuvre chaque fois qu'on prend un énoncé comme exemple en l'isolant au milieu de la page, et qu'on ne s'occupe pas que de ses faces phonétique ou syntaxique.

---

[144] Un exemple de citation mixte, justement.

Dans la citation *autonyme*, il n'est pas fait référence qu'à une forme linguistique ; c'est d'ailleurs le contenu implicite de l'objection qu'adresse Quine à cette analyse des attitudes : la relativité à un langage. Si l'on peut dire que Tom croit vrai l'énoncé « Cicéron a dénoncé Catilina », c'est à condition de spécifier : en tant qu'énoncé du français, car cette phrase pourrait par coïncidence signifier tout autre chose dans une autre langue. Et par un scrupule d'esprit Chomskyen concernant l'individuation des langages, Quine poursuit : peut-être même faudrait-il spécifier « en tant que phrase dans l'idiolecte du locuteur X », c'est-à-dire « au sens de X ». Mais c'est reconnaître de fait que l'analyse citationnelle ne serait viable qu'à condition qu'on voie dans la citation autre chose que la simple mention d'une forme linguistique. Bien sûr, dans le texte du § 44, tout cela n'est qu'une sorte de grand *Modus Tollens*. L'idée d'une phrase comprise « au sens du locuteur X » n'a guère de place dans la philosophie de Quine ; la citation a été réduite à la pure mention de l'expression citée. *Exit* donc l'interprétation linguistique de la croyance…

La conclusion de cette recherche est finalement décevante, puisque Quine renonce à l'analyse de la croyance. Chaque attribution de croyance donne lieu à un prédicat complexe, de la forme : …croit que p, ou : croit [p], complexe mais en un sens inanalysable, parce que les « abstracts » qui y figurent n'apparaîtront jamais hors du contexte « …croit que », et ont cessé de ce fait d'être de véritables termes singuliers. Mais ce renoncement n'est pas si grave qu'il en a l'air, poursuit le § 45, puisque les énoncés de croyance, projectifs et dramatiques, n'ont pas leur place dans la science.

Discussion : Logique

Prédication, fonctions de vérité, quantification : telles sont les constructions grammaticale qui subsistent dans la notation canonique où idéalement doivent être rédigées les différentes sciences particulières. Si l'on remplace les prédicats par des lettres schématiques, et de même éventuellement pour les énoncés, on obtient des *schémas*, qui sont la matière et l'objet de la logique des prédicats. Certains sont des schémas *valides*, et sont dits *logiquement vrais* les énoncés qui peuvent être obtenus à partir d'eux par substitution uniforme. Supposons réglée la question de la définition de la notion de schéma valide.[145] Plusieurs questions subsistent : cette notion de *logiquement vrai* épuise-t-elle la totalité de ce que nous appellerions volontiers ainsi ? Par exemple, l'énoncé :

> Il existe une propriété F telle que pour toute propriété G,
> pour tout x, si Fx alors Gx,

ou plus succinctement « Il existe une propriété comprise dans toute propriété », peut sembler vrai et logiquement vrai.[146] Mais il ne provient pas d'un schéma au sens défini plus haut, comme on le voit si on le transcrit dans une notation avec quantification (sur de nouvelles variables, pour anticiper sur la confusion que dénonce Quine) :

$$\exists X \, \forall Y \, \forall x \, (Xx \Rightarrow Yx),$$

où il apparaît qu'il s'agit d'un énoncé du deuxième ordre. Quine soutient qu'un tel énoncé n'appartient pas à la logique élémentaire, i.e. la logique *tout court*. Pourquoi convient-il de limiter ainsi la sphère de la logique (au premier ordre, donc) ?

La réponse de Quine tient en premier lieu à la sémantique des prédicats, dont les lettres utilisées jusqu'ici, « F », « G », etc., tiennent lieu. Les prédicats ne sont pas des noms, ils ne désignent pas : on l'a vu d'emblée, les pré-

---

[145] Voir le Chapitre 4 de *PL*.
[146] Comme l'ensemble vide est inclus dans tout ensemble.

dicats dénotent ou *sont vrais d'*objets. Et même avec une ontologie plus riche, tout ce qu'on pourrait dire, c'est qu'ils ont des attributs comme intensions (sens), et des classes comme extensions : mais ils ne nommeraient ni leur intension, ni leur extension. Or les variables de quantification sont *par nature* des variables qui peuvent figurer seulement à des places où des noms pourraient figurer (thèse comprise dans l'idée que les variables sont des pronoms, ou mieux des *pro-noms*). Donc on ne peut considérer les lettres de prédicat comme des variables pour les lier par un quantificateur.

Par nature, vraiment? Mais ceci contredit manifestement la doctrine que Quine soutient par ailleurs, et qu'on a résumé au Chapitre V, concernant la véritable nature de la variable *an und für sich*, simple instrument pour marquer et identifier des places d'argument. La variable n'est pas par nature objectuelle, elle ne le devient, de l'aveu même de Quine, que soumise à la quantification comprise objectivement. Ceci contredit également les spéculations sur l'apprentissage des variables et leur origine substitutionnelle, telles qu'on les trouve développées dans *The Roots of Reference*. Il est vrai que dans ce texte, Quine imagine une quantification substitutionnelle où la classe de substitution, - les expressions qui peuvent remplacer la variable dans les instances d'un énoncé quantifié -, est limitée à des noms: « Fido », « la lune », etc. Dans l'apprentissage, oui; mais à partir du moment où une variable n'est pas censée faire référence à des objets comme ses valeurs, la porte est ouverte à ce que des expressions *non nominales*, prédicats ou phrases, puissent figurer à titre d'expressions substituées (avec les restrictions attendues). La quantification substitutionnelle ainsi élargie n'est pas dénuée de sens.[147] Que les prédicats ne soient pas des noms ne pose problème que parce que la logique standard a déjà adopté un style objectuel de quantification.

Tenons en compte, cependant, et acceptons cette décision de cohérence; justement, dans la formule prise plus haut comme exemple, de nouvelles lettres, « X », « Y », ont été introduites comme variables de quantification, de sorte que la confusion dénoncée par Quine a été évitée. Que sont les valeurs possibles de ces variables ? Comme le montre la phrase française paraphrasée, il semble qu'il s'agisse de propriétés ou d'attributs, et tout semble rentrer dans l'ordre. Un second argument est donc nécessaire pour montrer qu'avec le second ordre, précisément, tout n'est pas rentré dans l'ordre:

---

[147] Au contraire! Voir l'article "*Existence and Quantification*" *in* OR: "La quantification substitutionnelle fait sens (...) quelle que soit la classe de substitution que nous prenions." Elle est aussi plus déterminée en termes de comportement d'accord et de désaccord. Voir aussi *PL* Chap. 6.

argument non plus logico-sémantique, cette fois, mais ontologique et nominaliste pour moitié. Il est préférable, on l'a vu, d'éviter les attributs, et donc de parler clairement de classes, et d'appartenance d'éléments à des classes : à la place de l'hypocrite « Xx », mieux vaut donc écrire « $x \in \alpha$ », où « α » est une variable de classe. La logique du second ordre est de la théorie des ensembles cachée, et souvent dans la confusion. Resterait à justifier le fait qu'avec la théorie des ensembles, on sort de la logique proprement dite; mais cette thèse n'est pas propre à Quine.[148] Il y a de nombreuses raisons à la préférence qu'accorde Quine à la théorie des ensembles sur une logique d'ordre supérieur. L'une d'elle tient au constat de la pluralité des systèmes axiomatiques en théorie des ensembles, et à la reconnaissance que dans ce domaine « l'intuition fait faillite ». Ce qui, selon Quine, la distingue nettement de la logique proprement dite.

D'où une nouvelle question, plus brûlante : certains schémas sont typiques de la logique qu'on appelle « classique », par opposition à des logiques « déviantes ». Par exemple :

$$p \vee \neg p,$$

expression du Tiers Exclu (TND), qui est considéré comme invalide par les intuitionnistes, de même que :

$$\neg \forall x\, Fx \Rightarrow \exists x\, \neg Fx.$$

Quant à *Ex Falso Quodlibet Sequitur* (EFQ) :

$$(p \wedge \neg p) \Rightarrow q$$

il est refusé par les logiciens para-consistants et par certains « pertinentistes », etc. Que doit-on penser de cette pluralité de logiques, qui heurte le sentiment que la logique est une norme absolue pour la pensée ? D'un autre côté, le holisme de principe doit nous faire considérer que la logique est aussi bien ouverte à révision que la physique théorique. Mais la logique est-elle vraiment à mettre sur le même plan que d'autres théories ?

Enfin, si la réponse à la dernière question est *non*, si le rapport indirect mais réel des autres sciences à l'évidence perceptuelle n'est pas celui qui

---

[148] Voir sur ce point *PL*, Chap. 5, et *FSS*, Chap. V.

fonde la vérité logique, en vertu de quoi les vérités logiques sont-elles vraies ? La question d'un fondement de la logique est peut-être à dissoudre : mais on ne peut faire l'économie d'une dissolution argumentée.

Puisqu'il est naturel de commencer par les fonctions de vérité, rappelons-nous la thèse initiale de la section 13 : les fonctions de vérité « se prêtent directement elles-mêmes à la traduction radicale ». Les fonctions de vérité, négation, conjonction, et disjonction, pourraient être reconnues et identifiées en suivant les critères behaviouristes d'accord et de désaccord à l'égard de phrases complexes au vu des accords et désaccords à l'égard des phrases composantes. Est-ce si simple ?

Identifier un connecteur étranger à l'un des nôtres, c'est le munir des lois logiques qui accompagnent le nôtre : un connecteur n'est rien d'autre que ces lois :

« Il n'y a pas d'essence résiduelle de la conjonction et de la disjonction au-delà du son, de la notation, et des lois conformément auxquelles on utilise ces sons et ces notations. »[149]

Que se passerait-il au cas où des connecteurs étrangers, identifiés à certains des nôtres sur la base du comportement, ne paraissaient pas se conformer entièrement aux lois logiques qui accompagnent les nôtres? Devons-nous accepter de dire que la langue étrangère possède les mêmes connecteurs, simplement munis d'une logique différente ? En ce point Quine renonce à l'idée qu'il y aurait *traduction directe* des fonctions de vérité, au sens où il y traduction directe de certaines phrases observationnelles. Nous sommes en fait dans une situation où nous devons par force *imposer* notre logique, et non *découvrir* (comme avec les hypothèses analytiques). C'est ainsi que Quine expédie le problème de la mentalité « prélogique », ou mieux « antilogique ». Nous préservons à tout prix nos lois logiques : « une meilleure traduction leur impose notre logique, et préjugerait de la question de la pré-logicité s'il y avait à préjuger quelque chose » (§ 13). La réponse n'est donc pas que le genre humain possède la même logique universelle, mais que diverses maximes, « principe de charité », « sauver l'obvie », nous imposent d'attribuer aux autres notre logique.[150]

---

[149] *PL*, chap. 6
[150] « Nous leur imputons notre logique orthodoxe, ou la leur imposons, en traduisant leur langage pour l'adapter. Nous mettons la logique dans notre manuel de traduction. (…) Dans **un sens négatif**, [souligné par moi] donc, la vérité logique est garantie sous la traduction. La

Imaginons qu'on défende la traduction par « $p \wedge \neg p$ » d'une phrase étrangère clairement affirmée, en faisant valoir qu'après tout une théorie inconsistante, i.e. qui admet à la fois A et non A, peut être protégée de la trivialisation à condition d'ajuster les lois logiques, et de renoncer à *Ex Falso Quodlibet Sequitur*. Réponse de Quine: si A et non A n'entraîne plus B, c'est qu'on n'a plus affaire avec la négation, ni avec la conjonction. Le logicien déviant ne fait que « changer de sujet ».

Soit ! (encore qu'on puisse discuter de la pluralité de la négation, comme on le fait avec raison de l'implication), mais pourquoi ne pourrait-on changer de logique ?[151] Comme c'est le cas pour la traduction, il y a deux aspects distincts dans la réponse de Quine, l'un correct : un connecteur est caractérisé par les inférences qu'il permet, ou les vérités logiques élémentaires où il figure, de sorte que modifier ces lois, c'est changer de connecteur ; l'autre discutable : il est préférable de ne pas changer de sujet, c'est-à-dire de conserver la logique classique.

On ne peut évaluer le plaidoyer de Quine en faveur de la logique classique sans noter qu'il l'a parfois présentée comme un développement théorique tardif, construit sur le sol d'une logique plus archaïque. Et ce, par deux fois : à propos des fonctions de vérité, comme à propos de la quantification objectuelle.

Selon *The Roots of Reference*, la logique primitive (et celle qu'on peut inférer du comportement verbal dans la traduction) n'est pas notre logique classique, mais *ressemble* à une logique tri-valuée. La table de la négation, dans cette *logique du verdict*, est :

Oui	Non
Non	Oui
Abstention	*Abstention*

Mais la table de verdicts pour la conjonction pose un problème plus grave, car si les deux composants ont la valeur *Abstention*, le verdict pour la

---

maxime « sauver l'obvie » bannit tout manuel de traduction qui représenterait les étrangers comme contredisant notre logique. » (*ibid*.)
[151] L'implication n'est pas une fonction de vérité, bien sûr, mais ce dont nous avons besoin en fait d'implication peut être défini *via* la notion de schéma valide de la logique élémentaire; voir *FSS*, V, et *Methods of Logic* par exemple.

conjonction n'est pas fonction des verdicts des composants. Tout dépend du contenu des phrases : deux abstentions sur « c'est une souris », « elle est dans la cuisine » donnent *Abstention* pour la conjonction ; mais deux abstentions sur « c'est une souris », « c'est un chat », donneront probablement un « Non », en raison de l'incompatibilité des prédicats. Donc la conjonction primitive n'est même pas « verdict-fonctionnelle ». Quine poursuit :

> « Ces fonctions verdict sont plus primitives que les authentiques fonctions de vérité, en ce qu'elles peuvent être apprises par induction par l'observation du comportement de verdict. Elles sont indépendantes de notre logique paroissiale à deux valeurs, et indépendantes d'autres logiques à valeurs de vérité. Les valeurs de vérité représentent un niveau de développement linguistique plus avancé, plus chargé de théorie (…) La logique à deux valeurs est un développement théorique… ».[152]

On a vu à propos de l'introduction de « tel que » que les variables commencent par être substitutionnelles, du point de vue d'une genèse idéale de la quantification, avant de devenir objectuelles par leur fusion avec les énoncés catégoriques. Certes il ne s'agit là, de l'aveu même de Quine, que de spéculations génétiques. Mais il est frappant de voir qu'à deux reprises, Quine fait de la logique classique un *artefact* théorique. Est-ce une manière de disqualifier d'autres logiques (trivaluées), ou d'autres interprétations de la quantification (substitutionnelle), que d'en faire les rejetons de phases archaïques du développement ? A tout le moins, ces remarques ouvrent une autre perspective sur la logique dite « orthodoxe ».

Quel est le fondement de la vérité logique, demande Quine dans le Chapitre final de *Philosophy of Logic* ? Avec raison, il renvoie au néant un certain nombre de réponses traditionnelles du positivisme logique : un énoncé vrai serait logiquement vrai *en vertu* du langage, *en vertu* de conventions, *en vertu* du sens des mots logiques qui y figurent, etc. Le « en vertu de » est une explication purement verbale, et vide : on peut dire aussi bien que ces énoncés sont vrais en vertu du sens des connecteurs, ou dire qu'admettre ces énoncés, ou les règles d'inférence apparentées, fixe ou détermine solidairement le sens des connecteurs. Cela dit, Quine oppose à l'idée de vrai par convention, l'idée curieuse de *vrai par traduction*.

---

[152] RR, § 20. Contrairement à ce qu'affirmait *W&O*, ce sont ces tables de verdicts que le comportement permet d'inférer. Faut-il en conclure que la théorie logique est sous-déterminée par les données observables ? Il semblerait, bien que ce ne soit pas la conclusion officielle que Quine en ait tirée.

Bien sûr, la logique comme toute théorie est révisable, absolument parlant. Mais il n'est pas bon de la modifier, sinon en toute dernière extrémité, en raison justement de son lien avec la traduction.[153] Ce lien est supposé dépendre du caractère « obvie » des vérités logiques : directement obvie, sans doute s'il s'agit de lois assez simples comme le principe de non contradiction, ou du moins potentiellement obvie s'il s'agit de vérités qu'on peut obtenir à partir de vérités obvies en un nombre fini de pas eux-mêmes obvies (par un système formel de preuve complet, comme il en existe pour la logique élémentaire). Comme une émission verbale étrangère en présence manifeste de la pluie suggère (à défaut d'imposer) la traduction évidente « il pleut », - évidente à la fois parce que tout le monde l'accorderait dans ces circonstances, et parce que c'est la meilleure façon de rendre l'étranger *intelligible* -, de même l'assentiment à une composition de phrases après assentiment à chacune d'elle suggère de voir dans cette composition notre conjonction. Ou du moins, négativement, si l'étranger donne son accord à deux phrases simultanément, c'est une invitation à ne pas traduire la seconde par la négation de la première, toujours par souci de le comprendre. Il y a donc deux éléments dans cette idée de vrai par traduction : maximiser l'intelligibilité d'autrui, l'accorder à nos évidences.

« La logique est obvie, ou potentiellement obvie » : c'est une jolie formule, mais ne suis pas sûr que l'idée soit cohérente, ni avec ce que Quine explique par ailleurs de la logique bivalente comme construction théorique, ou de la quantification objectuelle comme innovation tardive, ni surtout avec ce qu'on peut savoir ou imaginer de notre « logique » spontanée, pré-instruite. Il est tout à fait possible que nous soyons spontanément sensibles à quelques lois particulièrement simples, comme le *Modus Ponens*, ou comme : d'une conjonction vraie, inférer chaque conjoint. Mais au-delà ? Lequel d'entre nous, avant apprentissage intensif, était prêt à admettre que de A on peut inférer A ou n'importe quoi, pour ne pas parler des mystères de l'implication, si éloignée du conditionnel matériel ? Même Quine est disposé à reconnaître que le Tiers Exclu repose sur des décisions qui n'ont rien d'« obvie », justement : laisser de côté les futurs contingents, ou réécrire les énoncés contenant un terme singulier ne désignant rien de manière à éliminer le terme singulier et le remplacer par un quantificateur. La logique classique, comme au reste les logiques déviantes, sont des *théories* de l'inférence, et comme telles sont largement sous-déterminées par les données. Il est

---

[153] C'est la maxime de « mutilation minimale, *PL*, Chap. 6.

curieux que pour l'arracher à la nature, à l'esprit humain, ou à la convention, Quine ait éprouvé le besoin de faire de la logique classique une sorte d'*a priori*, sinon de la communication, du moins de l'intelligibilité d'autrui, et sinon de l'évidence, du moins du comportement.[154]

Mais ce qui est encore plus curieux, c'est qu'il a aussi parfois accordé que la logique était une construction théorique:

« Reconnaissons plutôt que la loi du tiers exclu n'est pas un fait de la vie [*a fact of life*], mais une norme présidant à une enrégimentation logique efficace. »[155]

---

[154] Voir *PL*, Chap 6: «J'utilise le mot «obvie» en un sens comportemental ordinaire, sans connotations épistémologiques. »
[155] *Quiddities*, article *Tiers Exclu*.

Chapitre VII : La loi et l'ordre

Exposition

Mettre de l'ordre dans le monde, ou plutôt dans notre image du monde (mais c'est au fond la même chose) : l'essentiel de ce Chapitre, y compris la section 49 qui revient sur les bonnes raisons de refuser les attributs et propriétés, est consacré à la question, laissée jusqu'ici largement ouverte, de ce qu'on peut admettre dans l'univers, - dans l'unique domaine où les variables de quantification prennent leurs valeurs.

La liste des « objets de pensée », philosophiques ou de sens commun, que Quine exclut est assez impressionnante : successivement, les *sense data*, les *unités de mesure* (mètre, kilogramme, etc.), les *possibilia* (les objets possibles qui auraient pu ou pourraient exister : un Homère non aveugle, un de Gaulle qui n'aurait pas lancé l'appel du 18 Juin, etc.), les objets *inexistants* (*sit venia verbo* !), les *faits*, les *objets idéaux* de la mécanique (points matériels, systèmes parfaitement isolés, etc.), les objets *géométriques*, les *paires ordonnées*, les *nombres* comme entités *sui generis*, *l'esprit*, c'est-à-dire les états mentaux ... Arrêtons-nous un instant sur l'esprit dans un monde physique, d'où le dualisme des substances est évidemment banni.

En fait d'états mentaux, il n'est question dans la section 54 que des sensations qu'on appelle communément « physiques » parce qu'elles viennent de l'intérieur de l'organisme, telle une douleur. La face subjective de ces sensations est largement ignorée, et sous prétexte que le langage pour les nommer est appris par l'intermédiaire des autres, qui ne disposent que du comportement observable du patient (cris, rictus, agitation, etc.), ces sensations sont réduites à des *posits* hypothétiques, qu'on peut alors identifier aux états physiologiques sous-jacents.

Heureusement, ce n'est pas le dernier mot de Quine sur la question. Le vocabulaire mentaliste, - si l'on préfère cette expression neutre à celle de « vie mentale » -, ne parle pas que de sensations, mais aussi d'émotions, de perceptions, de pensées et de croyances. Comme *From Stimulus to Science* accepte de le reconnaître, le physicalisme, i.e. la réduction du mental à des évènements physiologiques, est moins évident dès qu'il s'agit de ce que nous appelons *penser*.[156] Perceptions, pensées, et croyances forment une sorte de continuum où l'intensionnalité va croissant. Le *monisme anomal*, héritier du monisme neutre de W. James (l'expression est due à Davidson ; il s'agit d'un monisme en quelque sorte physicalisé ou matérialiste sans réduction) accommode la difficulté selon la ligne suivante: les perceptions, et dans une certaine mesure les croyances, sont bien identiques en tant qu'évènements à des états neurologiques. Mais nous attribuons les croyances selon des classements et des modes de « groupement » qui n'ont pas grand chose à voir avec ces évènements physiologiques, quand nous projetons sur autrui l'idée qu'il perçoit que *p*, ou qu'il croit que *p*.

« La clef du mental n'est pas l'esprit; c'est la syntaxe de la complétive qui donne le contenu, l'idiome "que *p*" », résume *Pursuit of Truth*. Projection sur une projection: l'univers physique est une projection de *posits*, en puissance dans notre appareil référentiel, et le psychique est une nouvelle projection liée à notre syntaxe et notre vocabulaire de termes mentaux. Projection par empathie, dit Quine: le contenu de la croyance que nous attribuons à autrui reflète plus notre propre *état d'esprit* que la réalité, de sorte que l'intentionnalité explique l'intensionnalité.[157] Jusqu'à quel point y a-t-il eu élimination? Les états d'esprit d'autrui sont réduits à des états neurologiques *plus* la projection empathique à partir de nous-mêmes. D'où vient cette capacité de projeter à partir de soi ? Du seul fait que le langage met à notre disposition le terme « *x* perçoit que *p* », si nécessaire à la leçon de langage ? Dire que « cette notion mentaliste semblerait aussi vieille que le langage » n'est pas une réponse:[158] à partir de quelles expériences siennes le sujet a-t-il fait l'apprentissage de cette notion? Cette psychologie « en troisième personne » semble reposer implicitement sur une psychologie « en première personne » dont l'apprentissage est passé sous silence.

Au fil du temps Quine a pris la mesure de la difficulté, à en juger par les pages ultérieurement consacrées aux « choses de l'esprit ». A l'époque de *W&O*, la réduction des notions qui ne sont pas les bienvenues dans la

---

[156] *FSS*, Chap. VIII.
[157] *PT*, § 28 par exemple.
[158] *Ibid.*, § 24.

science purifiée est plus exigeante et plus brutale. Où va-t-on s'arrêter dans ce cataclysme ontologique ?[159]

Aux classes, bien sûr: nous n'avons pas besoin d'objets mentaux, mais nous avons besoin d'objets abstraits.[160] Si l'on pondère avantages et désavantages de « la » théorie des ensembles, en entendant par ce singulier simplificateur l'admission de classes dans l'univers, les paradoxes et contradictions qui accompagnent cette admission incontrôlée sont présentés comme de peu de poids en regard de l'utilité de la notion, et du gain de simplicité que notre théorie du monde retire de son usage.[161] Un sol concret d'objets et d'états physiques : corps, particules, processus physiologiques ; et au-dessus, des classes de tels objets, puis des classes de telles classes, etc. : voilà finalement de quoi est fait l'univers. Si l'on demande : « jusqu'où monter ? », la réponse est : c'est selon les besoins. On n'abandonne qu'au coup par coup, et pressé par la nécessité, un certain esprit nominaliste.[162]

Enfin, sous le titre modeste de « montée sémantique », - mais il faut se rappeler que la montée sémantique est l'héritière du « mode formel » de Carnap, censé caractériser la philosophie raisonnable, par réduction de celle-ci à une sorte de syntaxe du langage de la science -, la section finale revient sur la démarche accomplie depuis le début de l'ouvrage, c'est-à-dire sur le sens et la portée de la philosophie. Qu'on y parle beaucoup de « mots » ne la met pas pour autant à l'écart de l'activité scientifique ; cela n'en fait pas non plus une discipline purement « analytique », comme l'a soutenu Carnap : étude de choix conventionnels de langages, et des conséquences de ces choix. Contre Carnap, il n'est question ici que de *degrés* ascendants de généralité, lointainement ajustés à la périphérie de l'expérience.

---

[159] En fait, il faut distinguer rejet pur et simple, et élimination au sens où expliquer, c'est éliminer (§ 54); les *sense data* ou les faits ne sont pas éliminés au sens où les nombres le sont, quand ces derniers sont identifiés à certaines classes. Le paradigme de l'élimination explicative est la réduction des paires ordonnées à des classes.
[160] *"The Scope and Language of Science"*, in *WP*.
[161] « La simplicité (…) est la meilleure preuve de vérité que nous pouvons demander », § 51.
[162] Les faits de langage doivent tomber sous cette description : une expression (mot, énoncé) peut être identifiée à une classe d'inscriptions concrètes. Il est cependant douteux que la notion « énoncé grammatical du français » soit épuisée par cette identification (voir Chomsky et sa critique de la notion de « langage en extension »).

Discussion : Théorie des ensembles

Avoir un faible pour les objets concrets, les « individus », est typique de l'inspiration nominaliste.[163] Voir dans les objets physiques (arbres, chaises, ou particules élémentaires) le concret par excellence, caractérise le physicalisme. Nominalisme et physicalisme s'accordent aisément. Mais depuis la pratique du dénombrement jusqu'à la physique mathématique, l'efficacité théorique exige des nombres et des classes, qui ne sont certainement pas des objets concrets.[164] Comment accorder ces deux points de vue ? Suffit-il de dire, une fois les nombres identifiés à certaines classes, que nous avons dans notre univers des objets physiques *et* des classes : classes d'objets physiques, classes de telles classes, etc. ?[165]

Dire qu'*il y a* des classes, c'est dire que les classes sont des valeurs possibles des variables de quantification. Devons-nous alors admettre une forme de dualisme : des variables d'individus *et* des variables de classes, donc au moins deux sortes de variables ? Un tel langage « *multisorted* » serait incohérent avec l'idée introduite plus haut d'un unique univers du discours. En fait, ce que Quine appelle « le pouvoir unificateur de la notion de classe » (§ 55) va plus loin que ne le laisse entendre le chapitre final de *W&O*, qui reste plutôt exotérique. Mais pour saisir ce point, il faut remonter un peu plus haut.

La notation des « abstracts de classe » a été introduite dès la section 34, mais naturellement rien ne dit qu'à ces termes définis, du type « la classe des x tels que Fx », corresponde un objet.[166] On est même sûr, voir le paradoxe de Russell par exemple, qu'il y a des abstracts auxquels aucune classe ne cor-

---

[163] Voir Hobbes : il n'y a rien d'universel dans le monde sinon les dénominations...
[164] On pourrait dire « abstrait », mais ce terme n'apporte rien de particulièrement clair, voir « *Things and Their Place in Theories* », III, in *TT* : « Je suis persuadé que ce contraste est illusoire. »
[165] Comme le dit parfois Quine, voir *ibidem*.
[166] Je reprends ici la police de Quine, consistant à parler de classes à propos des objets de la théorie des ensembles sans reprendre à son compte dans ce contexte la distinction parfois faite entre ensembles (sets) et classes. Voir l'Introduction à *STL*. Le lecteur peut donc lire « ensemble » là où il voit « classe ».

respond : prendre « la classe des (classes) x telles que $x \notin x$ ». Le schéma de compréhension, qui dit en gros qu'à tout prédicat correspond comme son extension la classe des objets qui le satisfont, n'est pas universellement valide, et doit être de quelque manière restreint (§ 55): mais ce schéma était *naturel*, et les diverses manières de l'affaiblir ou de le comprendre ont toutes quelque chose d'artificiel. J'ai contesté dans un chapitre antérieur que le catalogue raisonné des outils de la référence que dresse Quine réalise pleinement le programme *génétique* annoncé. Mais admettons quand même que cette manière d'introduire la notion de classe comme extension de prédicats soit une sorte de genèse conceptuelle *idéalisée*.[167] Ce qui est notable, dans cette conception logique ou *logiciste*, - *à la Frege* -, des classes, c'est que les classes apparaissent comme un sous-produit de la tendance à la nominalisation et à l'abstraction, qui est déjà à l'œuvre dans la fabrication des attributs : le même mouvement vers l'objet ou *l'objectivation* est actif dans les deux cas (la seule différence, c'est le principe d'extensionnalité, critère d'identité des classes).[168] Quine n'a pas cherché à imaginer une autre genèse possible de la notion d'ensemble, *à la Husserl* par exemple, selon laquelle la perception de plusieurs objets rassemblés, d'une multiplicité concrète, délivre en même temps la perception, ou la quasi-perception, de la *collection* de ces objets. C'eût été pourtant une voie d'accès plausible aux « racines de la référence » à des classes, à certaines du moins, finies et très petites, les autres étant conçues par idéalisation analogique.[169] Ce n'est pas la voie sur laquelle Quine a spéculé, et ce fait est révélateur de sa vision des classes, qu'illustre par exemple le passage de la théorie *virtuelle* des classes à la théorie réelle.

La théorie virtuelle, inspirée des définitions contextuelles des symboles de classes de Russell, n'introduit le signe d'appartenance que flanqué d'un abstract de classe, et tient qu'une expression de la forme « $y \in \{x\,;\,Fx\}$ » abrège simplement (raffinements mis à part) « Fy » : l'appartenance à une classe n'y est qu'une *manière de parler*, sans qu'il y ait réification des classes. Passer de là à la théorie réelle des classes suppose : 1) que $\in$ soit pris comme prédicat primitif, et non plus défini contextuellement; et : 2) qu'on utilise des

---

[167] Même si elle n'est pas historiquement fidèle au développement de la théorie des ensembles ; voir Charles Parsons, « *Genetic Explanation in The Roots of Reference* », *in Perspectives on Quine*.
[168] Voir encore l'Introduction à *STL*, et l'article "*Classes versus Properties*" de *Quiddities*. Cela ne veut pas dire qu'il n'y ait pas un saut ontologique quand on passe de la prédication à l'appartenance, voir *PL*, chap. 5.
[169] Voir par exemple P. Maddy, *Realism in Mathematics*.

variables x, y, etc., prenant leurs valeurs dans un univers de classes. La définition de l'identité, entre abstracts et/ou variables, permettant d'écrire :

$$y = \{x\,;Fx\} \quad ssi \quad (x)(x \in y \Leftrightarrow x \in \{x\,;Fx\}),$$

il en résulte que nous pouvons passer de « l'appartenance contextuelle avec abstracts » à l'appartenance réelle aux classes, et écrire, *si* la condition $y = \{x\,;Fx\}$ a lieu :

$$(x)(x \in y \Leftrightarrow Fx),$$

schéma qui marque la « fusion » (dit Quine) des deux moments théoriques, en explicitant le lien entre les classes comme objets et les prédicats.[170] Naturellement, cela ne veut pas dire que là où nous avons un énoncé ouvert Fx, là nous avons *ipso facto* une classe ! Les questions d'existence, puisque le schéma général de compréhension doit être abandonné, Quine préférera les régler au coup par coup et suivant les besoins en introduisant des axiomes d'existence. Mais conceptuellement, le schéma obtenu :

$$y = \{x\,;Fx\} \quad ssi \quad (x)(x \in y \Leftrightarrow Fx),$$

illustre la relation étroite entre appartenance et prédication, même s'il ne dit rien sur la question de savoir *quand* cette relation se réalise.

Revenons à la question posée plus haut : comment accorder l'usage d'un seul type de variables, et l'idée d'un univers contenant à la fois des individus *et* des classes ? Les variables étant universelles, il faut donner sens à la notation « $x \in y$ » dans le cas où « y » a pour valeurs des individus, i.e. dans le cas où *apparemment* cette variable n'en a pas (les individus étant intuitivement des *non classes*). La manœuvre de Quine est de donner à l'appartenance la force de l'identité dans de tels cas. Il en résulte que si y est un individu, dire que $x \in y$, c'est dire que $x = y$; mais alors, puisque $x = y$, on a aussi $x \in \{y\}$, et par l'axiome d'extensionnalité :

$$y = \{y\}.$$

---

[170] Voir *STL*, § 5. Ce dernier schéma a l'allure du schéma de compréhension ... à la quantification ∃y près bien sûr !

Quine commente cette décision ainsi :

« Nous serons bien avisés d'ajuster notre terminologie en cessant d'expliquer « individu » par « non classe » ; admettons de dire que ce qui les [les individus] constitue comme individus n'est pas le caractère de non classe, mais l'identité avec leur classe-unité. (...) Tout est désormais compté comme une classe ; encore est-il que les individus sont démarqués des autres classes en étant leur propre unique élément. ».[171]

Les « individus » étaient originairement des *corps*, progressivement isolés des situations globales où ils sont apparus, et la notion de corps a été généralisée pour donner celle d'objet physique, éventuellement épurée en celle de contenu d'une portion d'espace-temps. On peut se demander si l'on reconnaît encore les individus d'origine dans ces objets dont la caractéristique est seulement d'être identiques à leur singleton. Quine peut répondre que ce n'est là qu'une manœuvre de simplification théorique. Mais il y a une réponse plus profonde. Après tout, que savons nous des classes ? La caractérisation générale de la notion comme étant celle de l'extension d'un prédicat n'était pas, évidemment, une définition. En fait, nous ne savons rien des classes sinon ce qu'en disent les axiomes qui stipulent certaines propriétés de $\in$. Et dans le cas particulier de la théorie des ensembles, une réduction, une explication, ou une réinterprétation de l'ontologie des ensembles dans une autre n'est guère envisageable.[172] Il y a sans doute là un point d'arrêt. On trouve au moins une fois sous la plume de Quine une déclaration explicite de structuralisme mathématique au sujet de la théorie des ensembles :

« Les ensembles à leur tour ne sont connus que par leurs lois, les lois de la théorie des ensembles. »[173]

---

[171] *Ibid.*, § 4. Cela ne veut pas dire qu'on admet positivement qu'il y a des individus ; mais qu'on peut passer d'une théorie pure des ensembles à une théorie avec des « Urelemente » sans sortir d'un univers de classes.
[172] « Que sont les classes ? » demande Quine dans « *Things and their Place in Theories* » ; la remarque qui suit, selon laquelle on pourrait remplacer tout ensemble par son complémentaire, est sans pertinence quand à l'idée qu'on pourrait identifier les ensembles à d'autres objets par quelque fonction ersatz.
[173] *in « Ontological Relativity*, I ».

Le structuralisme en mathématique me paraît une position d'attente raisonnable, qu'on le prenne comme un « *Ignorabimus* » ou comme un « il n'y a rien à savoir ». Mais sa portée est grandement diminuée chez Quine dans la mesure où il s'intègre, et peut-être se dissout, dans un « structuralisme » général, qui n'est qu'un autre nom de l'inscrutabilité de la référence, c'est-à-dire de la relativité de l'ontologie : « La structure est ce qui compte dans une théorie.... J'étends la doctrine aux objets en général, car pour moi tous les objets sont théoriques. », écrit-il dans *Things and their Place in Theories*. On peut douter qu'une si grande uniformité éclaire les problèmes spécifiques de la connaissance mathématique. Car malgré la participation des mathématiques au réseau des implications variées qui constituent nos théories, il y a une spécificité des mathématiques : aucun énoncé mathématique, aucun ensemble d'énoncés mathématiques, n'a de contenu empirique, i.e. n'implique à lui seul un énoncé d'observation *synthétique*.[174] Comme si, au bout de ce long chemin dans l'analyse de la connaissance, le spectre de Carnap n'avait pas été vraiment conjuré.

---

[174] *FSS*, V.

Conclusion

Dans quel état la philosophie est-elle sortie des mains de Quine?

Pour éclairer cette question à défaut d'y répondre vraiment, revenons à Carnap. Une fois mise de côté la tentative d'une reconstruction logique du *monde* (1927), - des notions de base de la connaissance empirique -, Carnap s'était essentiellement consacré à l'explication d'un certain nombre de concepts vaguement qualifiables de logiques et/ou philosophiques. Plus ou moins successivement:

- le concept de conséquence logique, et celui d'analyticité ou de vérité mathématique, en relation avec des mathématiques reconstruites dans une théorie simple des types ; les concepts qui en dépendent.

- les mêmes concepts, mais cette fois expliqués à l'aide de procédures dites "sémantiques", parce qu'elles font appel à la notion de vérité sous une interprétation.

- La notion de L-vérité, ou vérité logique, celle de nécessité logique, celle d'analyticité encore, mais en relation avec des langages contenant des prédicats extra-logiques.

- Les intensions: proposition, propriété, concept d'individu, etc., dans une perspective de fondation de la logique modale.

- La probabilité entendue comme le degré de confirmation d'une proposition, la notion de théorie physique axiomatisée ou semi-axiomatisée, etc.

Ces diverses notions sont en quelque sorte dédoublées au cours de l'explication: d'un côté on a une notion intuitive et mal définie, mais qui sert de principe heuristique, de l'autre une notion formelle correspondante précisément définie à l'aide d'un outillage recensé: des langages artificiels auxquels elle s'applique et auxquels elle est relativisée, des métalangages décrivant la syntaxe des premiers et contenant un minimum de notions ensemblistes (univers dénombrables, descriptions d'état par exemple).

A proprement parler, cette entreprise n'est pas réellement épistémologique (si l'épistémologie est consacrée au problème de « l'accès cognitif », et si on laisse de côté l'ouvrage de 1927), dans la mesure où Carnap ne s'intéresse, ni évidemment à l'histoire attestée de ces concepts, ni à une genèse, serait-elle idéale, de notre connaissance de ces notions sur la base du contenu empirique de l'expérience. Il est probable que Carnap aurait jugé vain tout effort en ce sens, parce qu'il pensait que ces divers concepts n'avaient en un sens aucun contenu empirique, mais présidaient plutôt à l'organisation de ce contenu. Le terme "organisation" est évidemment vague à souhait, mais peut être éclairé d'une analogie avec la géométrie physique. Une fois une métrique conventionnellement choisie, on peut décrire les propriétés de l'espace physique, qui ne sont plus affaire de convention. De même en logique philosophique: on peut choisir arbitrairement les formes de langages et spécifier par exemple un concept de conséquence logique, ou la classe des énoncés analytiques, mais une fois ces décisions prises, tout le reste s'ensuit, y compris la distinction entre analytique et synthétique, vrai et logiquement vrai, exprimant un contenu et purement calculatoire, etc.

De cette idée de convention, Carnap tira la conviction que toute cette étude était elle-même analytique, comme d'ailleurs toute la philosophie non métaphysique: une définition de l'analyticité, par exemple, était elle-même analytique, conséquence de définitions librement posées. La thèse était explicite à l'époque de la *Syntaxe logique du langage*, mais Carnap ne l'a jamais vraiment abandonnée, défendant usuellement ses propositions en arguant qu'elles n'étaient pas des thèses, mais précisément des propositions et suggestions d'analyse, voire de méthode. La bipartition des énoncés doués de sens en énoncés à contenu empirique, et énoncés logico-mathématiques sans contenu, cette idée n'a jamais abandonné Carnap; simplement, l'activité philosophique a été rangée du côté analytique de la barrière.

L'attaque de *Two Dogmas* a été menée précisément sur ces deux fronts, et comme on peut s'y attendre débouche sur une réévaluation de l'activité philosophique. D'un côté, la notion d'analyticité (noter qu'il n'est pas question dans l'article de l'analyticité des mathématiques) ne peut être sauvée. De l'autre, la notion de contenu empirique propre d'un énoncé tombe sous les coups du holisme. Les deux dogmes de l'empirisme n'en font en vérité qu'un seul. Conclusion: les questions philosophiques et ontologiques sont sur le même plan que les hypothèses scientifiques, mélange de décisions utiles et de confirmation à la périphérie sensible.

Je pense que ce holisme, mobilisé contre la bipartition du positivisme logique, fut crucial dans la pensée de Quine, parce que si l'on ne veut pas en rester au stade du slogan, il faut effectuer la promesse qu'il contient. Et comment mieux prouver le holisme qu'en tentant de montrer pas à pas comment nos conceptualisations les plus sophistiquées sortent en quelque manière du donné sensoriel? L'épistémologie naturalisée est ainsi un retour, en deçà des oeuvres logiques de Carnap, au programme de l'*Aufbau*, pour lequel Quine a toujours dit son admiration. On met volontiers l'accent sur la différence entre le phénoménisme (plutôt neutre, d'ailleurs) de Carnap en 1927, et le physicalisme de Quine, qui se donne du même coup objets physiques et stimulations sensorielles, comme si ce point de départ était caractéristique du *naturalisme*. Ce n'est pas faux, bien sûr, mais on peut aussi entendre derrière naturalisme, *holisme*: l'idée qu'à chaque étape de la construction logique de la connaissance, les mêmes mécanismes sont en jeu: position d'objets, capacité de référence à ces *posits*, acceptation de vérités à leur sujet, tout cela pour maîtriser le flux de l'expérience. En ce sens, même la théorie des ensembles a, très indirectement, quelque chose de naturel.

Si tout cela a quelque fondement, alors ce que j'ai appelé le programme d'une genèse de la référence est véritablement au coeur de la philosophie de Quine. Le naturalisme est le vrai moyen de liquider la dichotomie analytique/synthétique, ou convention/contenu, puisque à tous les niveaux de l'édifice de la connaissance les mêmes ingrédients sont mêlés. Il n'était donc pas absolument nécessaire de partir par surcroît en guerre contre les significations, les intensions, les modalités, etc., pour mener le combat contre l'analyticité. Il semble parfois qu'il y ait une vraie crispation de Quine sur ces questions (Carnap y a été sensible). Pour autant que les arguments contre ces notions sont ontologiques, - et ils le sont largement -, il est d'ailleurs curieux de les voir avancer avec autant de constance par quelqu'un qui a tant insisté sur le caractère dérivé, voire indifférent, de la référence et de l'ontologie.

Il est loisible de penser que le jugement de l'histoire a commencé à faire son oeuvre. Les deux versants de la philosophie de Quine ont déjà eu un succès inégal. Le naturalisme a imprégné peu ou prou la philosophie subséquente, si l'on veut bien admettre qu'une perspective naturaliste n'exclut nullement, dans l'état actuel tout au moins de la recherche sur l'esprit, une forme ou une autre de mentalisme. Mais il semble qu'en matière de théorie logique, le pluralisme ait conquis droit de cité. Et l'intérêt actuel pour la sémantique des langues naturelles va bien au-delà des limites dans lesquelles Quine l'enfermait par souci de réforme. Mais peut-être que l'effet le plus notable de l'oeuvre de Quine aura été de modifier la conception que nous pouvons nous faire de la philosophie: ne plus la voir comme une activité *séparée*. Cela semble aujourd'hui aller presque de soi.

BIBLIOGRAPHIE

*(ne figurent dans cette bibliographie que les ouvrages
mentionnés dans le corps du texte)*

Ouvrages de Quine

Mathematical Logic, Harvard University Press, 1940, éd. révisée, 1951.
Methods of Logic, New York, Holt, 1950.
From a Logical Point of View, Harvard University Press, 1953.
Word and Object, MIT Press, 1960.
Set Theory and its Logic, Harvard University Press, 1963.
Selected Logic Papers, New York, Random House, 1966.
The Ways of Paradox, New York, Random House, 1966.
Ontological Relativity and Other Essays, Columbia University Press, 1969.
Philosophy of Logic, Prentice Hall, 1970.
The Roots of Reference, La Salle, Open Court, 1974.
Theories and Things, Harvard University Press, 1981.
Quiddities, Harvard University Press, 1987.
Pursuit of Truth, Harvard University Press, 1990.
From Stimulus to Science, Harvard University Press, 1995.

Ouvrages sur et autour de Quine
(avec éventuellement les réponses de Quine)

Words and Objections, Davidson & Hintikka eds., Reidel Publishing Company, 1969.

The Philosophy of W. V. Quine, Hahn & Schilpp eds., Open Court, 1986.
Perspectives on Quine, Barrett & Gibson eds., Oxford, Blackwell, 1990.
Dear Carnap, Dear Van: The Carnap-Quine Correspondance, Creath ed., University of California Press, 1990.
L'anthropologie logique de Quine, S. Laugié-Rabaté, Paris, Vrin, 1992.
Quine, C. Hookway, Cambridge, Polity Press, 1998.
Quine, P. Hylton, Routledge, 2007.

Autres ouvrages

Barcan Marcus, Ruth, *Modalities*, Oxford U.P., 1993.
Cartwright, Richard, *Philosophical Essays*, The MIT Press, 1987.
Curry, Feys, and Craig, *Combinatory Logic*, North-Holland, 1958.
Dennett, Daniel, *The Intentional Stance*, The MIT Press, 1987.
Heijenoort, Jean van (ed.), *From Frege to Gödel*, Harvard U.P., 1967.
Kripke, Saul, *Naming and Necessity*, Blackwell, 1972.
Maddy, Penelope, *Realism in Mathematics*, Clarendon Press, 1990.
Recanati, François, *Oratio Obliqua, Oratio Recta*, The MIT Press, 2000.
Russell, Bertrand, *Principles of Mathematics*, Routledge, 1903.
Sainsbury, R. M., *Reference without Referents*, Clarendon Press, 2005.
Saul, Jennifer, *Simple Sentences, Substitution, and Intuitions*, Oxford U.P., 2007.
Sommers, Fred, *The Logic of Natural Language*, Clarendon Press, 1982.

www.ingramcontent.com/pod-product-compliance
Ingram Content Group UK Ltd.
Pitfield, Milton Keynes, MK11 3LW, UK
UKHW021321180426
11947UKWH00015B/1365